手绘新编自然灾害防范百科

ShouHuiXinBianZiRanZaiHaiFangFanBaiKe

泥石流防范百科

谢 宇 主编

西安电子科技大学出版社

内 容 简 介

　　本书是国内迄今为止较为全面的介绍泥石流识别防范与自救互救的普及性图文书，主要内容包含认识泥石流、泥石流的预防、泥石流发生时的防范和救助技巧等。本书内容翔实，全面系统，观点新颖，趣味性、可操作性强，既适合广大青少年课外阅读，也可作为教师的参考资料，相信通过本书的阅读，读者朋友可以更加深入地了解和更加轻松地掌握泥石流的防范与自救知识。

图书在版编目(CIP)数据

泥石流防范百科 / 谢宇主编. -- 西安 ： 西安电子

科技大学出版社，2013.8

ISBN 978-7-5606-3196-7

Ⅰ．①泥… Ⅱ．①谢… Ⅲ．①泥石流－灾害防治－青

年读物②泥石流－灾害防治－少年读物 Ⅳ.

① P642.23-49

中国版本图书馆CIP数据核字(2013)第204556号

策　　划　罗建锋

责任编辑　马武装

出版发行　西安电子科技大学出版社(西安市太白南路2号)

电　　话　(029)88242885　88201467　　邮　　编　710071

网　　址　www.xduph.com　　　　　　电子邮箱　xdupfxb001@163.com

经　　销　新华书店

印刷单位　北京阳光彩色印刷有限公司

版　　次　2013年10月第1版　　2013年10月第1次印刷

开　　本　230毫米×160毫米　　1/16　印　张　12

字　　数　220千字

印　　数　1～5000册

定　　价　29.80元

ISBN 978-7-5606-3196-7

如有印装问题可调换

本社图书封面为激光防伪覆膜，谨防盗版。

前言 preface

　　自然灾害是人类与自然界长期共存的一种表现形式，它不以人的意志为转移、无时不在、无处不在，迄今为止，人类还没有能力去改变和阻止它的发生。短短五年时间，四川先后经历了"汶川""雅安"两次地震。自然灾害给人们留下了不可磨灭的创伤，让人们承受了失去亲人和失去家园的双重打击，也对人的心理造成不可估量的伤害。

　　灾难是无情的，但面对无情的灾难，我们并不是束手无策，在自然灾难多发区，向国民普及防灾减灾教育，预先建立紧急灾难求助与救援沟通程序系统，是减小自然灾难伤亡和损失的最佳方法。

　　为了向大家普及有关地震、海啸、洪水、风灾、火灾、雪暴、滑坡和崩塌，以及泥石流等自然灾害的科学知识以及预防与自救方法，编者特在原《自然灾害自救科普馆》系列丛书（西安地图出版社，2009年10月版）的基础上重新进行了编写，将原书中专业性、理论性较强的内容进行了删减，增加了大量实用性强、趣味性高、可操作性强的内容，并且给整套丛书配上了与书稿内容密切相关的大量彩色插图，还新增了近年发生的灾害实例与最新的预防与自救方法，以帮助大家在面对灾害时，能够从容自救与互救。

　　本丛书以介绍自然灾害的基本常识及预防与自救方法为主要线索，意在通过简单通俗的语言向大家介绍多种常见的自然灾害，告诉人们自然灾害虽然来势凶猛、可怕，但是只要充分认识自然界，认识各种自然灾害，了解它们的特点、成因及主要危害，学习一些灾害应急预防措施与自救常识，我们就可以从容面对灾害，并在灾害来临时成功逃生和避难。

每本书分认识自然灾害，自然灾害的预防，自然灾害的自救和互救等部分。通过多个灾害实例，叙述了每种自然灾害，如地震、海啸、洪涝、泥石流、滑坡、火灾、风灾、雪灾等的特点、成因和对人类及社会的危害；然后通过描述各灾害发生的前兆，介绍了这些自然灾害的预防措施，并针对各种灾害介绍了简单实用的自救及互救方法，最后对人们灾害创伤后的心理应激反应做了一定的分析，介绍了有关心理干预的常识。

希望本书能让更多的人了解生活中的自然灾害，并具有一定的灾害预判力和面对灾害时的应对能力，成功自救和互救。另外希望能够引起更多的人来关心和关注我国防灾减灾及灾害应急救助工作，促进我国防灾事业的建设和发展。

《手绘新编自然灾害防范百科》系列丛书可供社会各界人士阅读，并给予大家一些防灾减灾知识方面的参考。编者真心希望有更多的读者朋友能够利用闲暇时间多读一读关于自然灾害发生的危急时刻如何避险与自救的图书，或许有一天它将帮助您及时发现险情，找到逃生之路。我们无法改变和拯救世界，至少要学会保护和拯救自己！

编者

2013年6月于北京

目录 Contents

一、认识泥石流

（一）泥石流概述

　　泥石流是由岩屑、泥土、沙石、石块等松散固体物质和水组成的混合体，在重力作用下沿着坡面或沟床向下运动的

泥石流

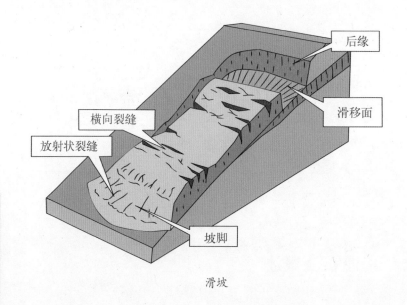

后缘

滑移面

横向裂缝

放射状裂缝

坡脚

滑坡

过程。

　　很多人分不清泥石流和滑坡，经常把泥石流误认为是滑坡。泥石流和滑坡有相同之处，它们运动的能量都来源于重力，但它们却是两种不同的自然灾害。泥石流是沿着沟床或坡面流动的，在流体和沟床或坡面之间存在着泥浆滑动面，但不存在山体中的破裂面，这是泥石流和滑坡最大的不同。

　　泥石流是介于滑坡与流水之间的一种地质作用，典型的泥石流是由悬浮着粗大固体碎屑物和富含黏土及沙石的黏稠泥浆组成。泥石流的形成需要适当的地形条件，当山坡中的固体堆积物质被大量的水体浸透，其稳定性就会降低，这些固体堆积物由于饱含水分，在自身的重力作用下就会发生运动，从而形成泥石流。泥石流的暴发总是突然性的，来势凶猛，并且可以携带巨大的石块高速前进，其强大的能量会造成极大的破坏，因此，泥石流是一种灾害性的地表过程。

峡谷和地震、火山地区是泥石流的多发区，并且在暴雨期具有群发性。泥石流暴发时，常常伴随着其他现象发生，比如浓烟腾空、山谷雷鸣、地面震动、巨石翻滚等，浑浊的泥石流沿着山涧峡谷冲出山外，在山口堆积。

泥石流常常给人们的生命财产安全带来严重的威胁，这是由泥石流的突发性、凶猛性、快速性以及冲击范围大、破坏力度强等特点所引起的。我们不能忽视泥石流灾害。

泥石流防范百科

火山地区

1. 影响泥石流形成的因素

地形、水源和松散固体物质是形成泥石流的必备条件。但是，影响泥石流形成的因素却很多，也很复杂，包括地形地貌、气候降雨、土层植被、水文条件、岩性构造等。

地形陡峭，山坡的坡度大于25度，沟床的坡度不小于14度的流域通常容易孕育泥石流灾害。巨大的相对高差使得地表物质处于不稳定状态，在降雨、地震、冰雪融化等一系列的外力作用下，容易向下发生滑动现象，形成泥石流。

泥石流的形成所必需的固体物质，主要由泥石流流域的斜坡或沟床上大量的松散堆积物所提供。固体物质也是泥石流的主要成分之一，其主要来源有：冰积物，坡积物，山体表面风化层和破碎层，崩塌、滑坡的堆积物以及人工工程的废弃物等。

水既是泥石流的重要组成部分，也是决定泥石流流动特性的关键因素。我国多数地区受东亚季风的影响，因此，引发泥石流最主要的水源是夏季的暴雨，其次，是水库溃坝和冰雪融化等。

泥石流活动可分为以下三个过程：形成—输移—堆积。在形成区，由于水分的充分浸润饱和，大量积聚的泥沙、岩屑、石块等物质会沿着斜坡开始形成土、石和水的混合流体。一个活跃的泥石流形成区是会发展变化的，能够从简单的单向，发展成树枝状多向。在输移区，泥石流在发展过程中相对稳定，且主要集中在坡度较缓的山谷地带出现。一般地形较为开阔的地区是堆积区，这里泥石流流速变慢，于是出现堆积现象。由于流域内来沙量的增长，堆积区会不断扩展、进逼。在泥石流的下游，则经常会出现堵塞或掩埋河道的现象，使原来的河道发生变形或改道。

泥石流的形成、发展和堆积过程，也是一次破坏和重新塑造地表的过程。

2. 影响泥石流强度的因素

地形地貌、地质环境和水文气象条件三个方面的因素影响着泥石流活动的强度。比如，滑坡、崩塌、岩堆群落地区，泥石流固体物质的补给源主要来自于岩石破碎和深程度的风化作用。在沟谷，由于其长度较大、纵向坡度较陡、汇水面积大等因素，为泥石流的流通提供了极为有利的条件。泥石流的水动力条件主要来自于水文气象因素。泥石流的强度还和暴雨的强度有关系，通常情况下，在短时间内出现的大强度暴雨容易形成泥石流。

3. 泥石流形成的必备条件

泥石流是泥、沙、石块与水体组合在一起，并沿一定的沟床运（流）动的流动体，其形成具备以下三个缺一不可的条件：

（1）水体。

暴雨、水库溃决、冰雪融化等是水体的主要来源。

（2）固体碎屑物。

滑坡、山体崩塌、水土流失、岩石表层剥落、古老泥石流的堆积物及滥伐山林、开矿筑路等人类经济活动形成的碎屑物，都是固体碎屑物的主要来源。

滥伐山林

（3）一定的斜坡地形和沟谷。

地形条件是自然界经长期地质构造运动形成的高差大、坡度陡的坡谷地形。

当以上三个条件具备了，泥石流就会形成，但是，它又是如何暴发的呢？通常有以下三种形式：

在暴雨的浸润、击打下，山坡坡面土层的土体渐渐失稳，沿斜坡下滑的同时与水体混合，于是，侵蚀下切，形成悬挂于陡坡上的坡面泥石流。北京山区农民常常将其命名为

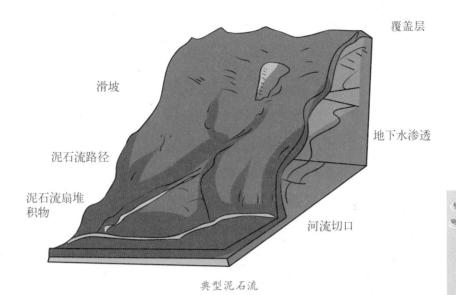

覆盖层

滑坡

地下水渗透

泥石流路径

泥石流扇堆
积物

河流切口

典型泥石流

"水鼓"、"龙扒掌"。

沟谷中上段的沟床物质受地表水浸润冲蚀，随着冲蚀强度的不断加大，某些薄弱的沟段里的石块等固体物就会松动、失稳，然后，遭到猛烈的掀揭、铲刮，并与水流搅拌形成泥石流。

沟源崩、滑坡土体触发沟床物质活动也能引发泥石流。即沟源崩、滑坡土体发生溃决，沟床固体碎屑物受到强烈的冲击，并随之运动，会引发泥石流。

在泥石流发生的三个必备条件中，水是最重要的因素。它既决定了"水鼓""龙扒掌"的形成与否，又对沟谷中形成的泥石流有着重要影响。最常见情况是：泥石流的产生过程是以上两种情况的组合，在山坡上面发生滑落，在沟谷下面发生冲蚀。从泥石流产生过程来看，连续的暴雨是造成泥石流的自然原因，而乱砍滥伐森林，造成山体表面水土流失严重，则是造成泥石流灾难的人为原因了。

（二）泥石流的分类

泥石流的分类应与它的研究和防治工作紧密结合。分类应该力求概念明确易懂、便于掌握，界限清楚，有指标、形象，但是要达到这一点很不容易。以下推荐两种分类方法。

1. 按运动和岩土类型的分类

除了降水条件外，泥石流在形成过程中主要依赖于固体物质类型，如基岩、土体和土石体及其不同的运动方式，才形成了各种类型的泥石流。由于固体物质类型的两个主要指标都是借鉴了相邻学科的分类标准，因此，固体物质类型在自然界便于被考察者鉴别和区分。例如，地质学家把斜坡运动分为坠落、倒塌、滑动、流动和复合运动五种类型。泥石流的形成有一种非单一运动的物质补给形式，根据这一特点，我们可以将上述物质类型和运动类型综合考虑起来，然后，给泥石流分类。以下简述各类型的基本特点。

（1）崩塌型泥石流。

通常，崩塌型泥石流形成于由第四纪沉积物发育，经过了强烈的风化作用，以板岩为主的山地斜坡裸露带的凹槽或冲沟里。在云南东川蒋家沟内的许多谷坡上，这类泥石流就是很典型的例子。而在红壤区和黄土高原，则为崩塌型泥流。在基岩山坡上，常常会发生崩积锥，但泥石流却不容易发生。

（2）滑坡型泥石流。

滑坡型泥石流灾害在我国不少山区最易发生。它是在山坡高位上的浅表层发育的滑坡，在经受长时间的雨水侵蚀后，又遭大雨或暴雨袭击，然后才得以形成。这类泥石流的运动有着复杂的过程，它有可能先错落，然后，滑体在快速的滑动过程中受到强烈的扰动而出现液化现象。当滑体充分液化后，就会变成泥石流体，流体很快到达了谷底，并且会沿着谷底继续向下流动。当这种过程出现在黄土和红壤的山坡地带时，就会有滑坡型泥石流产生。

滑坡型泥石流

（3）沟谷冲刷型泥石流。

沟谷冲刷型泥石流的发生条件是河谷内有一定受水面积，它是由水动力冲刷河床质引起的。形成泥石流的首要条件是要有能带走沟床内大量厚层河床质的足够供水量。当山体为壤土类型，河床质为石质基岩时，侵蚀性泥流和水石流就会发生。

（4）沟谷型泥石流。

沟谷型泥石流沟具有明显的流域地貌特征，通常流域面积多在10平方千米以上，流域内有各种类型的物质补给方式。鉴于岩性的差异性，会形成泥流、水石流和泥石流这三种不同类型。

2. 按泥石流性质的分类

我国对泥石流的研究和防治工作，已经投入了30年的时间，直到今天，才做到按性质对泥石流进行分类。这种分类方法在过去应用得很多，但是，所用的分类标准既不统一，又非硬指标，难于规范定性，难于应用。用泥石流容重（吨／立方米）来代表泥石流的浓度是过去常用的指标，但是，在同一容重下，常常会出现由不同固体物质组成的几种性质的泥石流。此外，还有采用代表粒径的方法，但是，有时也出现同一代表粒径（d50，dCp…）有不同浓度的现象，因此，它的性质也应该不同。在确定一条沟的泥石流性质时，要提供一些它的流变特征值，但是这些值不可能在现场准确得到，都是在后来才能取得的。针对后有分类方法的优点和不足，通过研究，提出了新的性质分类方法。此法的分类指标包括容重和土水比。

（1）容重。

容重代表有多少泥石流固体物质，尤其是大于两毫米粒径的固体物质的含量。泥石流容重越大，则固体颗粒越多，泥石体越密集，结构越紧密，其运动阻力也越大。

（2）土水比。

土水比是指泥石流中黏土（粒径小于0.005毫米）重量与水体重量的比值。土水比能把泥石流浆体的性质显示出来，即土水比越大，泥浆稠度越大，黏性越强。

在对泥石流进行分类时，如果把这两个指标结合起来，那么，泥石流性质就能够被锁定而成为泥石流性质分类的硬指标，仅用一种指标分类的不足就能得以弥补。根据容重和土水比，可以将泥石流分为稀性泥石流、亚黏性泥石流、黏性泥石流、高黏性泥石流、水石流、泥流、高含沙水流七大类，其中，除了高含沙水流以外，其他均为泥石流学科研究范畴。下面，我们将一一简述其特点。

稀性泥石流：这种泥石流的容重为1.4～1.7吨／立方米，土水比为0.2～0.5。此类泥石流中泥浆的组成物质为粒径小于0.005毫米的黏粒，而沙粒也几乎转变成悬移质，砾石成为推移质。由于没有很强的黏性，导致整个流体接近水流特性。其流面紊乱，有少量石块在流动时会发生翻滚碰撞，在近处可听见它们的撞击声。

亚黏性泥石流：这种泥石流的容重为1.7~1.95吨/立方米，土水比为0.35~0.6。这类泥石流的流体性与稀性泥石流相比，稍有增强，有一定的结构力和黏滞力，搬运能力增加，流体在运动过程中没有浪花飞溅，但有波纹，有很微弱的紊动。

黏性泥石流：这种泥石流的容重为1.95~2.3吨/立方米，土水比为0.6~0.75。流体中有密集的大小石块，很稠的泥浆充填在石块之间。本来，这会使黏性强度增强，但是，由于这种泥浆液能在粗石块间形成泥膜，起到润滑作用，使粗粒间的运动阻力大大降低，因此，黏性泥石流有着极快的运动速度。通常，其速度为4~8米/秒。

高黏性泥石流：这类泥石流是只有在长期无雨的天气过程中，因暴雨突然降临，大量干粗泥沙砾石在径流的参与下才得以形成的泥石流，一般情况下，它在自然界很少发生。它们在往下游运动的过程中，由于河槽长期处于干枯状态，且泥石流中的水体大量下渗河床，因此加强了本来就很黏稠的泥石流的黏稠度，使之成为自然界少见的容重高于2.3吨/立方米的高黏性泥石流。这时的泥石流中的土水比在0.7以上，泥浆结构力和黏滞力更强。在运动过程中，石块之间泥浆变形所产生的阻力相当大，使泥石流的运动速度也受到影响，变得缓慢起来，通常在1米/秒左右。同时，由于两毫米以上的石块密集于泥石流浆体中，极不容易发生相对位移，

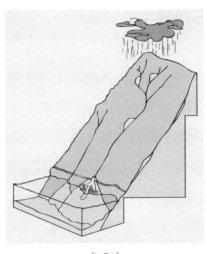

水石流

因而，它常常保持一定的结构，呈蠕动或层状运动。

水石流：这种泥石流的容重至少要在1.5吨/立方米以上，土水比在0.2以下。它的特点是粗颗粒物质，尤其是大于两毫米的砾石和块石占总体的90%以上，黏粒含量极少，仅有极少数的沙和粉沙。山区大比降河溪夹运沙石的运动，基本上就是此类泥石流的运动过程。这些石块在水流中以推移、跳跃、碰撞的形式向前移动，因此，当水石流发生时，会像数架飞机俯冲，像奔驰的火车出动，发出很大的声音。到目前为止，我们还没有目睹和观测到大型水石流的活动情景，只是调查过它发生过后的现场，并拍有它们的堆积照片。从堆积体当中，当地农夫拣了许多条从上游冲下来的死亡的大蟒蛇，猜测它们可能是被石块相互撞击致死的。可见水石流的发生和运动与石块的相互碰撞有密切关系，能产生强烈的冲击力，能引起边岸崩塌等。所以，许多泥石流研究者对泥石流中粗大颗粒的运动，采

大蟒蛇

用英国学者的颗粒在流体中碰撞的离散理论进行分析和解释，是有一定道理的。

泥流：泥流是水石流的另一个极端。固体物质来源中缺乏粗颗粒物质，而黏土颗粒在细粒物质中的含量又很高，其土水比通常大于0.6，而其他固体物质的组成成分又多为沙和粉沙，这样组合成的泥石流就称为泥流。我国的西北高原黄土区是泥流主要发生地，它是黄河泥沙的一种主要供给。

高含沙水流：这类泥石流的容重通常低于1.5吨／立方米，土水比低于0.2，其流动过程相似于水流，只不过，它有较高的含沙量。在泥石流开始发生和结束时，都会发生这种现象。它是水力学正在研究和有待解决的课题。

3.世界上主要的泥石流分类

一种较好的泥石流分类应同时具有科学性和实践性。泥石流分类系统的准确性、完整性和系统性体现了它的科学性。而严格的分类系统、准确的界限值、简练的命名和识别的方便性，则是使泥石流的分类直接服务于研究和防治工作的基础。目前，国内外学者由于尚未统一上述标准，于是对泥石流的分类原则、方法和指标没有取得一致认可。因此，我们可以先探讨一下国内外泥石流分类的历史和现状。

（1）按沟谷地貌特征的分类。

按流域的沟谷地貌形态，把泥石流沟分为泥石流工作者能够普遍接受和认同的三种类型，便于识别。

典型泥石流沟：此类泥石流沟有泥石流形成区、输移区、堆积区以及明显的清水区。有些大型泥石流沟的流域内有多条支沟发育，也有各种类型的不良地质过程发生。

沟谷型泥石流沟：此类泥石流流域为长条形，形成区不明显，泥石流物质的主要供给区在两侧谷坡，流通区很长，有时会把形成区也替代了。堆积区以汇入的主河是淤积性或是下切侵蚀性的来区分，前者有明显的堆积扇发育，后者没有堆积扇的存在。

坡面型泥石流沟：此类泥石流沟没有明显的受水区，仅仅是山坡上发育的冲沟和切沟，是在山坡上发育的各种类型的，由于不良地质的作用而产生的小型泥石流沟。

（2）按水源条件分类。

对于泥石流，国内外许多学者都以水源条件分类来进行研究，为防治工作服务。因为水是泥石流组成的重要成分，也是激发泥石流形成的条件。此类分类方法，是泥石流工作者普通采用的一种分类。按照水源可将泥石流分为：

暴雨型泥石流（包括台风雨）：这是全世界分布最广泛的一类泥石流。西南山区、香港和台湾，是中国境内暴雨型泥石流的多发区，每年这些区域都会遭到暴雨和台风雨的"光顾"，因此产生的泥石流会给当地造成严重的危害。

冰雪融水型泥石流：此类泥石流主要分布在我国西藏高原的东南部冰川积雪地带。它主要发源于高寒山区，是由冰川积雪的消融而引起。

水体溃决型泥石流：这类泥石流的产生主要是由于水库、高山、冰湖、堵塞湖以及滑坡崩塌形成的临时性湖泊的溃决而引起的。

（3）按土源条件分类。

土源条件，也就是泥石流的物质组成来源。国内外的不少专家按这样的分类对泥石流进行研究和描述。因为此类泥石流与岩性关系密切，是绘制泥石流分布图的最好表达方式，所以，此种分类在泥石流学界有着极为广泛的市场和应用前景，此外，它还受到许多地质地理研究者的特别青睐。

水石流：这类泥石流在我国陕西华山一带分布最为典型，它主要发育在风化不严重的灰岩、火山岩、花岗岩等基岩山区。

泥流：这类泥石流主要在第三、第四系广泛分布的地带发育，尤其是我国西北的广大黄土高原，由于缺乏粗颗粒砾石，那里发生的泥石流一般都是泥流或高含沙水流。

黄土高原

泥石流：这类泥石流常见于我国广大山区，特别是西南山区。它的物质组成非常宽，可从最小的黏土（小于0.005毫米）到最大的漂石（大于100毫米）。它有两种最常见的分类：

漂石

第一、按照颗粒特性将泥石流的物质组成划分。

第二、按沉积地质学以φ值划分泥石流的物质组成。

（4）按发展历史分类。

现代泥石流发育历史的研究认为，一次泥石流的活动周期，即对某一流域或一条沟而言，从首次暴发泥石流到最后停息流动为止，为300～500年。泥石流这一自然过程不仅存在于现代，而且也发生于古代。按年代的序列可将泥石流分为三类，这也是许多地质、沉积和冰川研究者较为中意的分类方法。

现代泥石流：随着人类活动的出现而出现，到现在为止仍在继续活动的泥石流称为现代泥石流。

老泥石流：进入人类活动以来曾出现过的，而现在已经停止活动的泥石流称为老泥石流。

古泥石流：在地质历史上曾经出现的，到现在早已不存在的泥石流称为古泥石流。

（5）按发育阶段分类。

泥石流的一个发育周期包括它的发生、发展和消亡过程，按照这种发育阶段，大体上可分为幼年期、壮年期和老年期这三个阶段。

幼年期泥石流：泥石流发育初期，上游侵蚀不太明显，有小规模的不良地质过程，沟道和沉积扇不明显，有零星的泥石流沉积物。

壮年期泥石流：泥石流发育的旺盛时期，上游侵蚀强烈，各类不良地质过程开始发育，有明显的泥石流沉积物存在于沟道和冲积扇上，并有多条流路通过，冲积扇上只有稀疏的杂草而没有灌丛和树林。

老年期泥石流：上游沟脑的侵蚀已发展到分水岭，并有坚硬的基岩出露，有杂草丛生于侵蚀沟两侧，沟道内阶地（台阶）发育，形态明显（由于泥石流沉积物下切而形成的）。冲积扇扇面已经没有明显的泥石流堆积，并生长有灌丛和林木，有固定的沟道通过冲击扇，有近期泥石流的沉积物滞留沟内。

（6）按发生频率分类。

泥石流暴发的频率或间歇期有着比较大的变幅，高者一年可发生数十次，低者几十年至几百年才发生一次。根据这一原则，可将泥石流分为三种类型：高频、中频和低频。因

为此种分类涉及防护工程的安全度和造价，因此，许多工程
技术人员在泥石流防治工程中经常采用这种分类原则。

高频率泥石流：高频率泥石流是指一年暴发多次或几年
暴发一次的泥石流。我国的高频率泥石流沟是世界上难得一
见的。比如，甘肃的火烧沟、大盈江的浑水沟、云南东川的
蒋家沟等。

中频率泥石流：中频率泥石流沟是指十几年至几十年暴
发一次的泥石流。此类泥石流在我国和日本有着较为普遍的
分布，它大多是我们正在调查和治理的类型。

低频率泥石流：低频率泥石流一般为百年以上到几百
年才发生一次。这类泥石流多发生在山区大比降溪沟中。它
的出现是非常少见的，没有长期的物质积累和百年不遇的降

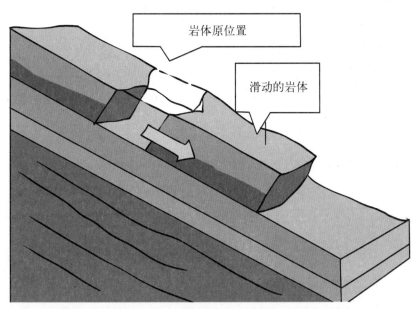

岩体原位置

滑动的岩体

泥石流

雨，这类泥石流是不会发生的。平常洪水带走了沟床中的细粒物质，经长期的作用，河床形成一层粗大块体相互嵌夹的结构，同时，大石块隐蔽了粗化层以下的混杂物，一般洪水不能将其搬运，只有那些超强暴雨引发的特大洪水才能把它的保护层掀揭起来，形成灾害性泥石流。

（7）按规模大小分类。

泥石流按规模大小划分有两种：一种是按总量和单宽流量的原则，一种是按泥石流的洪峰流量和总量大小的原则，它们都是工程技术人员评价泥石流危害的一种方法。

（8）按力源条件分类。

多数研究者认为，在陆地上形成的泥石流不外乎水力类泥石流和土力类泥石流两大类。

土力类泥石流：这类泥石流主要是以土石体的滑动、错落、崩塌和坠落为动力，由土石体转化而形成的。从云南东川蒋家沟的观测资料可以看出：泥石流的固体物质径流量，有90%来源于上游形成区以重力侵蚀形式补给，而由降雨径流侵蚀补给的固体物质只有不到10%。

水力类泥石流：此类泥石流的成因是特大洪水冲刷河床质而形成的。山区的沟谷和常流水的溪流是此类泥石流的主要发育地，分布在日本、俄罗斯的泥石流就属于此类。此外，中国西南山区稀性泥石流和上面提到的低频率泥石流也属此类。可通过实验对此类泥石流进行模拟。在试槽中铺上一定厚度的沙石体，然后陆续往里放水，当沙石体饱和后，在自重作用下会发生剪切，继而随之膨胀，并与一定厚度的表层水结合形成稀性泥石流。

（9）按运动流态分类。

紊流型泥石流：紊流态运动的泥石流体分为两个部分，浆体和固体。细颗粒和作为输送介质的水组成浆体，粗颗粒作为被输送物质。这类泥石流的容重一般为1.5～1.8吨／立方米。石块随浆体的推移跳跃前进，整个流体波浪翻滚，紊动明显，使流面破碎。

层流型泥石流：此类泥石流通常容重达1.9～2.3吨／立方米，流体中除漂石外，石块与浆体的速度一样，浪头有紊动现象，后面的流面则光滑平顺，层间出现摩擦，流线受到干扰，石块略有转动。流速通常在4米／秒左右。

蠕流型泥石流：此类泥石流的容重在2.3吨／立方米以上，所有的粗颗粒物料紧密镶嵌排列，粒间浆液黏滞力很大，在流动时，结构不会受到破坏，无层间交换，但速度活像蟒蛇蠕动，极为缓慢，其速度通常小于1米／秒。

（10）按运动流型的分类。

泥石流流型是指泥石流流动过程的特征表现，根据这一特征，将自然界的泥石流分为两类：

连续型泥石流：这类泥石流从开始到结束都是一个连续过程，也就是说无断流，其过程线是连续的，仅有一个高峰，可有一定的波状起伏或不规则的阶梯，这种起伏比普通洪水要明显得多。连续流多见于稀性泥石流。

阵流型泥石流：阵流型泥石流是泥石流运动过程中的一大特点。一提到泥石流，人们就会想起它那波涛汹涌、声震山谷、泥石飞溅的场面，然而，对它许多特殊的运动现象，人们尚未完全掌握，至今仍没有揭开，这成为泥石流理论探讨的核心话题。在我国云南东川蒋家沟可以观察到世界上最具代表性的阵流型泥石流运动。

两阵流之间有断流、泥深、流速、流量，其过程线为锯齿状，两齿间流量为零（阵与阵之间有泥深，但是没有速度，所以流量是零），这些是阵性流的基本特点。

为了更好地对阵流进行研究，可将一阵流分为三部分：称为"龙头"的阵流头部，称为"龙身"的阵流中部，称为"龙尾"的阵流尾部。蒋家沟阵流型泥石流是泥石流固体物质输送的主要形式，也是各种强大动力作用的引发者，还是许多巨砾长距离搬运的载体，占整个流动历时的70%以上。所以，泥石流中的阵性流颇得许多泥石流研究者的青睐，也是他们对准的目标。

除了以上的分类方法外，还有许多分类，但都没有一个统一的标准和界限，且使用的范围更为狭窄。

4. 从不同的角度看泥石流

（1）泥石流是一种地质灾害类型。

崩塌、滑坡泥石流都属于地质灾害。2000年4月2日，我国国土资源部在纪念世界地球日的座谈会上表示，地质灾害造成的损失占自然灾害的1/4～1/5。仅2011年一年，全国共发生地质灾害15664起，其中滑坡11490起、崩塌2319起、泥石流1380起、地面塌陷360起、地裂缝86起、地面沉降29起；造成人员伤亡的地质灾害119起，245人死亡、32人失踪、138人受伤，直接经济损失40.1亿元。所以，对泥石流的研究，尤其是灾害的调查和评估，既要考虑到国家的统一标准，也要对比崩塌、滑坡灾害。其中，泥石流是上述地质灾害中地域分布较广的一种类型（约130万平方千米），此外，它还具有暴发频繁，危害性大、成灾率高的特点。

（2）泥石流是一种地质过程。

泥石流沉积是沉积相的重要组成部分。与一般的外力地质过程相比，泥石流要快速得多。有研究指出，在第四纪时期，我国云南小江流域泥石流曾出现过三个强盛期。云南东川大桥河两岸均有明显的古泥石流沉积出露现象。

（3）泥石流是一种地貌过程。

泥石流是一种重要的可以在短时间内产生大冲大淤的地貌外营力，加快了局部侵蚀的堆积过程。比如，云南小江河谷一带的支沟下切形成的泥石流阶地，以及在沟口沉积而形成的相互交错的泥石流堆积扇，都是这一地貌过程的暂时形态。

（4）泥石流是严重水土流失的产物。

整个流域内都有由水流引起的土壤侵蚀，且贯穿于径流产生的全过程，汇流过程中总会产生水土的流失，和流域大小无关。泥石流的动力作用并不相同，且流失强度的数量级差非常大。一场泥石流从发生到结束所需要的时间一般不过数分钟，十多分钟或几十小时，但是却能够输移总量可达成千上万立方米的固体物质，

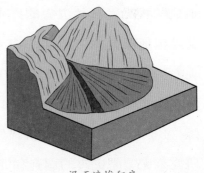

泥石流堆积扇

有时甚至会达到几十万或几百万立方米。

（5）泥石流是一种多相非均质流体。

泥石流的固相物质的体积浓度可达78%，流体中含有粒径相差悬殊的各种固体颗粒，小到0.001毫米的胶粒、黏粒，大到漂砾、砾石，因此，它有非常高的密度。泥石流固体颗粒的差异性，尤其是流体中含有多少粒径在0.005毫米以下的细粒物质，能极大地影响到流体性质。流体运动机理的研究已经成为现在最热门的话题，泥石流体的性质到底属于哪种物理模型，各国学者有着大不相同的看法。

（三）我国的泥石流灾害

我国是一个多山的国家，地质条件非常复杂，其中，高原、山地、丘陵占国土面积的60%，这使得我国成为世界上泥石流灾情最严重的国家之一。我国受泥石流危害的主要地区是西南、西北山区，其次是秦巴山区，青藏高原东部、南

部和北部边缘，以及太行山—燕山—辽南山区。

肆虐的泥石流给我们的生产生活带来了无尽的灾难，无论是城镇、农田、工矿企业、交通运输，还是能源、水利设施和国防建设工程等，都遭受过泥石流的巨大威胁，因此，每年都会造成数亿元的经济损失和几百甚至上千人的伤亡。其中，铁路部门是受泥石流危害最严重的部门之一，这主要的原因是其跨越的区域较为广阔。全铁路沿线有泥石流沟1300多条，威胁着3000千米铁路线路的安全。1949～1985年，在发生的1200起泥石流灾害里，就有300起致使铁路被毁、中断行车，此外，列车出轨和颠覆有10起，100人以上伤亡的特大事故有两起，33个车站被淤埋41次。每年至少有7000万元用于修复和改建工程。

虽然泥石流发生的根本原因在于地质结构的长期演变和发育，但人类的生产活动对自然环境的改变却是加速其发展的重要原因。近几十年来，随着工矿企业迁入山区，城镇、交通、农田和水利建设不断发展，一些人类的生产活动，如滥伐森林、草坡过牧、开矿弃渣、劈山引水、陡坡垦殖、筑路弃土等，使得地表的自然结构遭到了严重破坏，加之生态环境的不断恶化，最终促使了泥石流灾害的频繁发生。

1.泥石流成灾的原因

泥石流的流态和性质都不稳定，影响这一特性的因素有很多，如河床的形态和坡度、固体物质的组分和颗粒的大小、固体物质在流体中的相对含量。除此之外，在运动过程中，时间和地点的不同也是对其造成影响的因素之一。

泥石流灾害通常具有突发性、运动速度快、能量巨大的特点，因此，它具有极强的破坏力。我国的云南东川地区，有世界泥石流的天然博物馆之称。该区泥石流暴发的类型、频度、规模和危害均是不同寻常的。1985年夏天，泥石流侵袭了东川市，将全市层层包围起来，市区与外界相通的公路和铁路设施有多处被摧毁，致使交通中断，停运时间长达半年之久，使得市区的生活与生产也基本陷入了瘫痪状态。据不完全统计，自1949年以来，东川市至少有数百次的泥石流灾害发生，造成直接经济损失达数千万元以上，致使数百人伤亡。

相对来说，泥石流的分类比较统一，它可以根据固体物质的成分特征划分为两大单元，即稀性泥石流和黏性泥石流。此外，还可以将这两个大单元细分，划出一些过渡类型

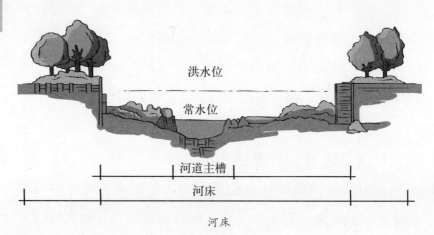

来。如特定的地形条件是泥石流形成的必要因子，在泥石流运动中，根据各个部位所起的不同作用，可将其分为形成区、流通区和堆积区三个区域。

山高谷深的地貌条件、顺坡堆积的大量碎屑物质以及在瞬间集聚的超量水源，是构成泥石流发育的三个基本前提。泥石流的发育和发生除了要具备与其有着密切关系的地貌条件和松散固体物质条件，另一个主要条件就是水，它具有双重意义，即搬运介质和作为泥石流的重要组成部分。在气候条件和自然环境不同的情况下，溃决、暴雨和冰雪融化等，是泥石流发育的必要水动力条件，尤其是特大暴雨，它是泥石流暴发的主要动力条件。由于其他灾害的影响，泥石流可能作为伴生灾害出现。

集中冲刷、撞击磨蚀和漫流壅积作用，是泥石流成灾的主要原因。泥石流的流态取决于其固体物质的组成和流体黏

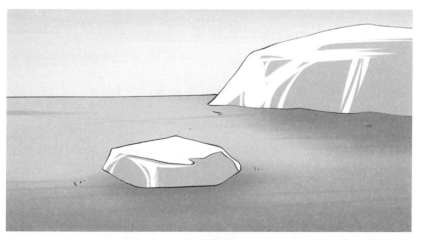

冰雪融化

度。稀性泥石流的容重和流体黏度都比较小，以紊流为主，因为其固体组分多由粗粒物组成，而黏性泥石流的容重与黏度则要大一些，它含有较多的细粒物，具有很强的搬运能力，其特点是整体运动。但是，不管是稀性泥石流的运动，还是黏性泥石流的运动，都具有直进性特征。直进性受黏度的制约，黏度越大，就有越强的直进性。当遇到障碍物或急弯沟岸时，就会形成猛烈的冲击力，破坏甚至摧毁阻碍物。此外，对于沟谷地形来说，泥石流的改道有裁弯取直的趋向，从而对地表径流的稳定性有一定的影响。泥石流正是因为这种特殊的运动特征，所以具有很强的危害性。

斜坡物质的稳定性被外界条件所破坏而发生的灾害有滑坡、崩塌和泥石流。它们在发育的空间、时间及成因上通常有密切的联系。比如，重力失稳就是其共同的诱因。所以，将它们作为一个灾害系列是在防灾减灾研究中惯用的方法。

2. 发生泥石流的时间规律

一般情况下，在连续降雨后，或是在一次降雨的高峰期会发生泥石流。泥石流发生的时间具有以下规律：

（1）季节性。

泥石流的暴发具有明显的季节性，这和它的形成因素是分不开的。我们知道，我国的泥石流灾害主要是受连续的小雨、暴雨尤其是特大暴雨集中降下的激发而产生的。因此，集中降雨的时间就可能成为泥石流发生的时间，一般在多雨的夏秋季节容易发生。集中降雨的时间不同，泥石流发生的时间也就有所差异。6～9月，是四川、云南等西南地区集中降雨的时间，因此，西南地区的泥石流多发生在这一时期。而西北地区的泥石流多发生在七八月，这是因为6、7、8三个月降雨比较集中，尤其是7、8两个月，暴雨强度也很大，据不完全统计，该区域泥石流灾害90%以上是发生在这两个月。

（2）周期性。

受暴雨、洪水、地震的影响，泥石流的发生和发展也具有周期性，而且活动周期与暴雨、洪水、地震的活动周期大体相一致。当洪水、暴雨两者的活动周期相叠加时，泥石流活动的高潮常常就会形成。例如，在云南省的东川地区，1966年是近几十年的强震期，东川泥石流的发展也就随之加剧，仅1970～1981年的这11年之中，东川铁路就发生了250余次泥石流灾害。又如1981年，在大周期暴雨的情况下发生的泥石流就包括东川达德线泥石流，成昆铁路利子伊达泥石流，宝成铁路泥石流和宝天铁路的泥石流。

3. 不可低估的泥石流破坏力

泥石流是一种特殊洪流，它是突然暴发的，并含有大量泥沙、石块等固体物质，破坏力强大。由于泥石流容重大，常大于1.3吨／立方米，最大时可达2.3吨／立方米，流速快，通常为5～7米／秒，极快时可达70～80米／秒，泥石流中固体物质的体积含量一般大于15%，最多时可达80%。

泥石流

所以，泥石流不光有极其强大的搬运能力，它的侵蚀、搬运和沉积过程也都极为迅速。有些泥石流甚至能搬走重达几百吨、长径达几十米的巨砾。而且，它通常可以在几分钟至几小时之间，把几十万乃至几千万立方米的固体物质沿沟谷搬运至沟口，转眼就将周围地形改变。突然暴发、历时短暂、来势凶猛、破坏性大是泥石流发生时的特点，因此，经常冲毁耕地、破坏交通、堵塞河道、摧毁城镇和乡村，给社会经济和人民生命财产造成巨大的损失。1981年7月9日凌晨，四川甘洛大渡河支流利子依达沟因为连日暴雨，暴发了一次大型的灾害性泥石流。由于固体物质输移量较高，可达84×10^4立方米，因此，泥石流冲毁了沟口的铁路桥。一列客车也不幸遭遇了这次灾害，造成275人死亡，数十人受伤。此外，两辆机车、一辆邮政车和一辆客车也被泥石流推淹入大渡河中，造成了极大的损失。这场泥石流使江河断流达四小时之久，因而出现向上游回水5000米的现象，造成了严重的损失。2002年6月8日，陕西省佛坪、宁陕等县突发山洪、泥石流，共造成455人死亡、失踪。2004年9月初，四川、重庆发生的山洪、泥石流、滑坡灾害，导致233人死亡、失踪。2008年9月8日，位于山西临汾市襄汾县的陶寺乡塔山矿区因暴雨引发泥石流，导致该矿废弃尾矿库被冲垮，致使至少151人遇难。2008年11月5日，云南滑坡泥石流灾害导致40人死亡，43人失踪，电力、交通、水利、通信等基础设施不同程度受损，因灾直接造成的经济损失达5.92亿元。2009年7月27日，四川省米易发生山洪和泥石流灾害，致使至少24人遇难，4人失踪。2009年8月，台湾省高雄县甲仙乡小林村遭到台风"莫拉克"引发的泥石流的袭击，造成至少129人死亡，300余人失踪。2012年5月，甘肃全省平均降水量为60.5毫米，其中山民县降水量高达155.7毫米。由于局地降水强度

客车

大，陇中、甘南、陇南多地发生山洪泥石流灾害。其中5月10日山民县特大冰雹山洪泥石流灾害造成49人死亡产，23人失踪，灾情最为严重。

　　以上是近年发生在我国的泥石流灾害，泥石流在国外也很频繁发生，造成的损害也很大。例如，1998年5月6日，意大利南部那不勒斯等地遭遇其建国以来非常罕见的泥石流灾难，导致100多人死亡，2000多人无家可归；2005年，雅加达西南部一个村庄遭到泥石流的袭击，致使至少140人死亡；2005年6月3日，美国加利福尼亚州洛杉矶东南拉古纳海滩当地时间1日凌晨5时左右发生了泥石流，6幢价值数百万美元的豪宅和一段街道被冲下山，另有2人受轻伤；2006年2月17日上午，一场历史罕见的泥石流突袭了菲律宾南莱特省圣伯纳德镇的村庄，把包括200多名小学生在内的几千人活埋在了泥浆之下，据法新社称，这次泥石流是过去10以年来世界上造成死亡人数最高的一次；2010年9月，墨西哥南部瓦哈卡州28日凌晨发生泥石流，近300住房在熟睡中被掩埋，当地官员估计遇难人数起过500人。28日凌晨2时到3时，瓦哈卡州克塞山区圣玛利亚—特拉维托尔特佩克镇附近的一座小山发生泥石流。

泥浆

崩塌

　　近些年来，我国对崩塌、滑坡和泥石流的预报研究工作不断地进行加强，通过研究它们的形成机制和时、空分布规律，划分出危险区和潜在危险区，并建立了技术档案。根据地质、地貌及水文地质、工程地质条件，在水文、气象预报工作的基础上，借鉴经验教训，提出了短期预报或即将发生的成灾预报，预报涉及了灾害发生的时间、地点和规模等。中长期趋势预报的提出也以此为基础。对于崩塌、滑坡和泥石流的防治，要同时采用工程措施和生物措施。工程措施包括跨越工程（桥梁）、防护工程（护坡、挡墙）、穿过工程（隧道）等。生物措施就是要进行植树造林、防止水土流失、改良农牧业管理方式和耕作技术等。

植树造林

4.泥石流的灾害特点

（1）突发性灾害。

在20世纪60年代前后，我国进行了大规模的山区建设，如伐木炼铁、修路建厂，工厂搬进山谷，居民点建在沟口，当时，人们还完全没有保护环境、预防自然灾害的思想意识。20世纪80～90年代，当地不少铁路、工矿和城镇接连遭受了几次重大泥石流灾祸，造成了严重的经济损失和人员伤亡。例如，1981年7月9日，四川凉山州甘洛利子依达沟暴发了特大泥石流灾害，使得铁路桥被冲毁，列车遭到冲击而颠覆，造成300余人死亡。1984年7月18日，四川阿坝州南坪县关庙沟发生泥石流，冲毁县城大片房舍，造成25人死亡。这些泥石流沟过去没有发生过泥石流，大多是新生的，但今后若不坚持治理，仍有可能发生泥石流灾害，我们将其称为低频率泥石流沟。因为这几次大的泥石流灾害的灾难性损失和惨痛教训，国家开始重视泥石流沟的综合治理，同时，保护环境，加强防灾意识。而对那些典型泥石流地区，则进行普查，制定相关的防治方案。每年都有专项经费拨到云南和四川省，用于工程和生物措施。此外，水利、铁路部门还专门投入了大量资金研制泥石流的预测预报装置。

（2）常发性灾害。

泥石流灾害大部分是高频率泥石流沟引起的。例如，云南东川蒋家沟，每年发生的泥石流可达几十次，据粗略统计，该地大型泥石流引发的灾害，在历史上就达七次之多。

由于堵江现象的发生，每次都给东川地区的农业、矿山工业和交通带来严重的经济损失。我国其他几条高频率泥石流沟，如云南大盈江的浑水沟、四川的黑沙河等，也都常常发生泥石流。在20世纪60～70年代，这类泥石流沟开始得到我国政府的重视，相关科研人员专门对其进行调查、观测，并对某些沟进行了长期的综合治理，如黑沙沟、大桥河等，此外，在重要地段，还设置了预警报。值得欣慰的是，这类泥石流近年来没有给国家带来大的灾难。

（3）群发性灾害。

局部大暴雨笼罩的区域通常在几百至一千多平方千米，正好是我国山区一个小流域的范围。最大24小时暴雨，在云南大部分地区为100～150毫米，四川盆地东南和贵州为100～200毫米之间，长江上游的青衣江流域可达300毫米以上。在西南地区，当暴雨袭击具备发生泥石流条件的流域时，流域内各条大沟往往受暴雨引发而同时发生泥石流。例如，在1997年，小江流域的蒋家沟、大桥河、小白泥沟、大白泥沟等数十条支沟因受一场暴雨的袭击而同时发生泥石流。1998年8月13日，一次暴雨引发了四川遂宁183处滑坡泥石流灾害，波及了825个村庄，其中，有三人受伤，六人死亡。1999年12月15～16日，委内瑞拉北部阿维拉山区加勒比海沿岸的8个州连降特大暴雨，致使山体大面积滑塌，数十条沟谷同时暴发大规模泥石流，冲毁了大量房屋与多处公路，导致大片农田被淹。据估计，委内瑞拉全国共有33.7万人受灾，14万人无家可归，死亡人数超过3万，造成的经济损失高达100亿美元，成为20世纪最严重的泥石流灾害。2012年8月30日，四川凉山州锦屏水电站施工区内外，因局部强降雨引发崩塌、滑坡、泥石流等地质灾害重多达100余处，造成施工内外道路、隧洞、桥梁受到严重破坏，交通通讯、电力全部中断，造成重大人员伤亡。

（4）同发性灾害。

泥石流与洪水、崩塌、滑坡在一个地区往往是同时遭遇，形成灾害，这主要是因为他们的发生条件，即降雨条件是一致的。1998年7~8月，大洪水漫延了全国各地，特别是中国西南山区，随之不断发生的还有滑坡泥石流灾害，造成了重大的经济损失和人员伤亡。1999年6月15日，由于四川省之前连续降雨数日，使得四川松潘县岷江左岸发生大滑坡，16日，岷江右岸大沽鲁沟发生泥石流，致使村庄被冲毁，3人死亡，10人重伤，20人失踪。泥石流滑坡冲入岷江，淤堵了300米的江面，使河水上涨，淹没了数百米长的沿江公路，造成上千游客受阻。

（5）转发性灾害。

滑坡是块体运动，泥石流为固液混合流，它们的运动方式不同，但有时，滑坡可迅速转化为泥石流灾害，像这类灾害，我们称之为转发性灾害。转发性灾害在我国也发生过多起。例如，四川境内南江滑坡转化为泥石流灾害，造成几百人丧生，又如，云南个旧的老熊洞冲滑坡泥石流，冲毁了一个工厂，使100余人死亡。

　　滑坡转化为泥石流，最典型的案例是发生在1997年6月5日，四川省美姑县发生特大滑坡转化为泥石流灾害，使4个村庄受到波及，造成151人死亡，1527人受灾，毁房307间，土地437万平方米，直接经济损失达1529万元。美姑县则租滑坡泥石流为同一过程的两个阶段，就是首先发生滑坡，而后发展为泥石流。为了能与一般的滑坡与泥石流相区别，方便研究，我们把这种自然现象称之为滑坡型泥石流。调查发现，美姑县则租滑坡是一个大规模的古滑坡，近代有过两次活动，1997年6月5日复活，并迅速转化为泥石流，酿成了巨大的灾难。则租滑坡主体长1300米，平均坡度17度，剪出口到谷肩的水平距离1550米，相对高度380米，平均坡度约40

滑坡泥石流

度，谷肩到谷底水平距离300米，相对高度440米，平均坡度56度。1997年5月20～6月4日，当地降雨量超过54毫米，这些前期降水造成坡体饱和从而加速了滑坡裂缝的发展，到了6月4日20时至5日凌晨，由于出现了降雨量约50毫米的大暴雨，大量雨水沿着裂缝渗入滑体，增加了滑体自重和滑体内静动水压力，然后迅速沿滑面形成渗流，降低滑面强度，使滑动力大于阻力，致使滑坡体启动，造成超大型滑坡。滑体在坡面上运动后，沿谷肩坠入伞第沟，又冲击对岸，产生了强烈的震动。调查发现，滑体在剪出口的运动速度已经达到47米／秒。滑体进入伞第沟后，向对岸沟坡冲爬数十米，然后折回，沿伞第沟床向下运动，这时的滑体经长距离运动、坠落、冲击扰动，已由过饱和土变为非常黏稠的泥石体，形

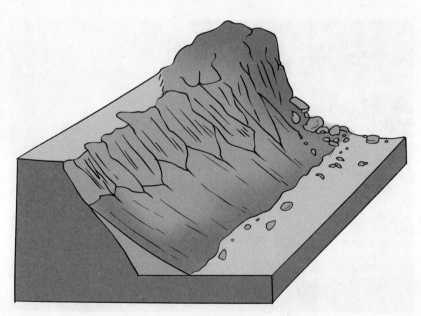

块体滑动到流体运动

成三个堰塞湖，经流水作用和阻塞湖溃决，形成泥石流直泄下游，造成了严重的经济损失和人员伤亡事故。

据现场调查，此次泥石流属黏性泥石流，其容重为2.0吨/立方米，峰值流量为544立方米/秒，泥石流总径流量为34.5万立方米，冲出的固体物质为20.9万立方米。总的来说，滑坡泥石流是一种特殊的块体滑动到流体运动的变态过程。由于它的运动速度很快，冲击力大，爬升高度大，具有强大的冲击气浪和震动，破坏性比一般的泥石流严重，因此，更要加强对它的预防和研究。

随着泥石流灾害事件的发生和时间的推移，我们对它的特点的认识也在逐步加深。20世纪90年代以来，泥石流这

崩塌

类灾害往往同滑坡、崩塌、山洪灾害同时发生，成为群发性灾种。因此，我国政府的管理部门往往把这几种灾害归属在一起，将其统称为地质灾害，并统计和报道灾情损失和人员伤亡。

5. 中国泥石流的分布规律

我国山地丘陵约占国土总面积的43%，全国广大山区几乎都具备泥石流形成的基本条件。受人为活动和自然因素的共同作用，我国泥石流分布广泛，类型多样，活动频率高，从而使我国成为世界上泥石流灾害严重的国家之一。

（1）地形阶梯的两个过渡地带。

泥石流主要分布在我国三个地形阶梯中的两个过渡地带。它们是青藏高原向次一级的盆地或高原（四川盆地、塔里木盆地、准噶尔盆地、云贵高原、黄土高原）的过渡地带，包括岷山、昆仑山、祁连山、龙门山、横断山和喜马拉雅山。次一级的高原盆地向我国东部低山丘陵的过渡地带，包括秦岭、武岭、小兴安岭、大兴安岭、燕山、巫山、太行山、大巴山、长白山、云开大山等。

（2）泥石流在我国高原及边缘山区的主要分布。

青藏高原及边缘山区：青藏高原平均海拔4500米，上面有很多冰雪连绵的巨大山脉，我国冰雪消融泥石流的分布地带就在此地。

黄土高原及边缘山区：它包括秦岭、乌鞘岭、太行山、

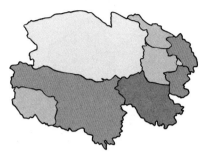

日月山的广大地域。在干燥气候条件下，大量的黄土堆积起来，在湿润的气候条件下，黄土遭到强烈的流水侵蚀，被塑造成了特殊的黄土沟谷地貌。它与塬、峁、梁等谷间地貌组合，使黄土高原成为一个千沟万壑、地表支离破碎的地貌形态。此区域是我国典型的以暴雨泥石流为主的发生区。

云贵高原及其边缘山区：云贵高原地处我国西南，包括贵州、广西北部、云南东部以及四川、湖南、湖北部分边境地区。云贵高原东南低、西北高，平均海拔1000～2000米。云贵高原的地貌有以下特点：滇中、滇东和黔西北角常保持较平缓高原地面，外围大部分地区被江河切割成层峦叠嶂、坎坷崎岖的山地性高原。我国暴雨泥石流分布的地带就包括这个高原及周围的高山地区。

除了高原及边缘山区外，泥石流在我国的东北山区和华北，如东北辽宁省境内、北京的西山和太行山都有出现。我国其他地区的山区，如福建的安溪，香港特区的大禹山和青山，台湾的南投、花莲，都分布有不同类型的泥石流。

6. 中国小江流域泥石流分布区

小江全长138.2千米，流域面积为3043.45平方千米，它发源于滇东北高原的鱼味后山，自南向北，流经寻甸县、东

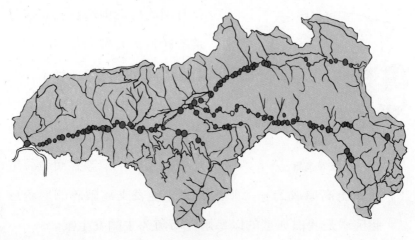

小江流域泥石流分布

川市和会泽县境，而后注入金沙江。小江河谷于著名的小江深大断裂带上发育，这里有着错综复杂的老构造和运动强烈的新构造，又属强地震区，且有较为特殊的自然条件和人类活动，促使形成泥石流的各种因素交织在一起，从而成为我国最易发育泥石流的地区。

根据成因类型分类，它属于暴雨泥石流区。仅在东川市附近不足90千米长的小江两岸，就有107处灾害性的沟谷型泥石流，此外，还有成群密布、难以计数的小规模坡面型泥石流。一到雨季，条条泥石流由于受到暴雨的激发，就会破山而出，倾入小江，严重危害到当地的城镇、村寨、矿山、道路、农田、水利设施和江道整治工程等。泥石流灾害已成为阻碍小江流域经济建设、威胁人民生命财产安全的重大灾患。而且，大量由泥石流冲出来的泥沙石块，由于小江的输送作用到达金沙江，在两江汇合处形成了巨大的险滩，把金沙江水朝着对岸逼近，严重影响了金沙江航道的开发利用。

小江流域可以根据泥石流的发育状况、活动特点及其对社会环境和自然环境产生的影响，将其划分为一个非泥石流活动区和四个泥石流活动区。

（1）高原湖盆平坝非泥石流活动区。

高原湖盆平坝为小江河流区小江东支大白河功山以上河段及小江西支块河甸沙以上河段。这里是云贵高原的一部分，高原、平坝、湖盆、浅谷相互交错组合，区内山丘连绵，海拔达2000～3000米，平坝、湖盆星罗棋布，地面起伏和缓。林木繁茂，草灌丛生，农田草场毗连，坡面侵蚀与沟谷侵蚀作用轻微，有着优越的生态环境，协调的人类经济活动与自然环境，属非泥石流活动区。

（2）中山峡谷泥石流弱活动区。

功山至拖沓沟段的小江，沿着滇东北高原下切，然后，高原解体，表现为山地峡谷地貌，区内海拔2500～3000米，小江上游西支甸沙以下的河段也是这种类型。该区有较好的地面植被，但多为次生林和草灌丛。山体和沟谷均有少量的小型坡面泥石流发育，而在地形高差较大、人烟密集的地段，则已出现较大型的沟谷泥石流，这是人类活动对山地地表的破坏造成的影响。与小江中下游河段相比，这里的泥石流沟稀少，泥石流的暴发频率低，造成的危害较轻，主要是淤埋农田，使部分村寨的安全受到威胁，属泥石流的弱活动区。

泥石流防范百科

Ni Shi Liu Fang Fan Bai Ke

（3）高山宽谷泥石流极强活动区。

小江上游东支大白河段的拖沓沟至小海河，位处小江深大断裂东西分支夹持的中间块体上的河谷宽展，地应力集中，线性构造密集，所以，有着破碎的山体，大型崩塌滑坡分布广泛。此河段由于地表风化剥蚀强烈，以及人类活动对山地环境的破坏，如陡坡垦殖、筑路切坎坡、过度砍伐和放牧、引水工程渗漏等，使得滑坡崩塌频频发生，比比皆是，为泥石流提供了丰富的固体物质，所以，坡面侵蚀和沟谷下切非常活跃，形成了成群密布的泥石流沟。在这个河段内，由于泥石流暴发频繁，屡屡毁坏当地的公路、铁路运输和农田水利设施等，使之成为小江流域泥石流最活跃、最难整治的地段。小江因此有众多的大型沟谷泥石流的倾入，迫使其主流左右游移，在群扇之间摆荡，形成宽坦游荡性的河床。

过度放牧

两岸泥石流活动对河谷形态变化以及河床的纵横向变化起着主要的作用。最近几十年间，泥石流曾多次堵塞此段小江河道，造成江水断流，使这里成为小江河床淤积上涨速度最快的河段之一。

小江上游的寻甸县金源区，也是一个泥石流活动极强的区域，此处泥石流的形成发育过程同样受小江断裂带的控制。几条大型沟谷泥石流一旦破山而出，就会冲入河内，使得大片河滩堆积起累累巨石，变成一个乱石滩。为了远离泥石流的危害，附近村寨纷纷把家搬向别处，一部分人安身于山脚泥石流堆积扇两侧，还有一部分人则迁徙到山上，另谋生路。但是，还是有个别村寨仍处在泥石流活动波及范围之内。泥石流堆积区的泥石流沟床如果高于村寨住宅，就会很危险。为了保证这些村寨的安全，还需要专门的调查研究，找出一个稳妥可靠地防护方案，以减少或避免泥石流的危害。

乱石滩

（4）高山宽谷盆地泥石流强活动区。

这一段位于小海河至蒋家沟之间，地处小江中游几条长大支流，如块河、乌龙河、小清河、黄水箐等的入汇处，有着宽谷盆地与两侧高山夹持结构的地形地貌，是新村（东川市）盆地所在地。该段两岸泥石流沟分布比较稀疏，大部分分布于右岸，以牯牛岭为原点，几条大型沟谷泥石流呈放射状流向小江。特别是东川市后山的深沟、小海河、石羊沟、尼拉姑沟、田坝干沟等几条泥石流沟，就穿越了东川市区，以居高临下的险恶之势，潜伏着巨大的隐患。东川市北部的大桥河是著名的大型灾害性泥石流沟，经过综合治理，现在差不多已经可以将泥石流灾害控制住。其他临近东川矿区的地域，如黄水箐、菜园沟、赖石窝沟等，具备泥石流形成的各种条件，如果不加强治理力度，采取适当的措施改善开矿弃渣、陡坡开垦和其他人为的有害活动，则有可能发生人为

陡坡开垦

（矿山）泥石流，政府应当予以重视。

蒋家沟的泥石流驰名于国内外，在历史长河中，曾八次堵断小江，酿成巨灾。此地的泥石流暴发频繁、规模巨大、危害严重，不仅直接危害蒋家沟流域内及其下游堵江段，而且波及上下十几千米，成为小江流域众多泥石流沟中最难整治的一条灾害性泥石流沟。

（5）高山深谷泥石流极强活动区。

蒋家沟以下到小江与金沙江汇合处，处于小江下游，此段适应金沙江的下切，河谷呈深槽形下切，没有连续的、明显的阶地，河床与两侧山地高差悬殊，形成高山深谷地貌。

由于受到小江断裂活动和新构造运动的影响，此处岩体破碎，崩塌频繁，滑坡遍布。两岸泥石流沟源头区，岩体崩塌时会产生轰鸣的响声，而且，有着极为丰富的固体物质。

岩体崩塌

与蒋家沟以上河段相比，这里基岩裸露，山体光秃，沟壑交错，山坡破碎，坡面侵蚀和沟谷侵蚀都非常强烈，谷坡与沟缘的崩塌错落现象随处可见，是较典型的干热河谷区。在汇入小江的30多条泥石流沟中，成灾严重、规模巨大的有尖山沟、达朵沟、豆腐沟、太平村沟、幸福村沟、大坪子沟和牛坪子沟等。小江主流线被巨大的堆积扇逼向一岸，下游左岸泥石流沟群紧紧并列，堆积扇首尾相连成片，延续区域达5000米。这里由泥石流作用而形成的沙石化现象非常明显，河床淤积严重，农田屡遭毁坏。由于河谷区气候恶劣，洪水和泥石流灾害频繁发生，村寨都迁移到山脚至山腰部位，大部分河滩地处于荒芜状态，目前，正在逐步开发利用。

除此之外，我国最活跃最发育的泥石流分布地带还有：西藏波斗藏布江的波密—林芝一带，流经甘肃武都境内的白龙江两岸，流经四川的泸沽至西昌间的安宁河谷，长沙江中下游及小江河谷，云南大盈江中游河谷。它们都是受江河或支流强烈切割的高原和高山区的河谷地带。

7. 泥石流的分布特点

泥石流一方面受大的地貌、地质和气候控制，有一定的区域分布规律；另一方面，也受到一些其他外力因子的作用，出现局部的区域性特点，具体体现如下：

（1）沿迎风坡密集分布。

横断山系地貌陡坎，是东南、西南季风的天然屏障，这里的泥石流分布集中，另外，秦岭和燕山的泥石流分布也很集中。

（2）沿强烈地震带成群分布。

深大断裂带是现代地震的多发区，这里岩层破碎，有储量丰厚的松散碎屑物。一旦受到强地震破坏，地表就会严重受损，坡地也不再稳定，坠落的大量松散碎屑物质积聚在沟床内，使河水泻流不畅，为泥石流的发生创造有利条件。比如，1950年8月15日，由于西藏察隅境内发生8.5级大地震，使得藏东南一带的泥石流活动迈向了一个新阶段，并持续了约10年的时间。

（3）沿深大断裂带集中分布。

深大断裂构造带不仅含有储量丰厚的松散碎屑物质，而且还为小流域沟谷的发育赋予了有利的环境，使这些地段成为泥石流活动密集带。比如，西藏波斗藏布断裂带、甘肃白龙江断裂带、四川安宁河谷断裂带、云南小江断裂带等，都是著名的泥石流活动带。

（4）沿生态环境严重破坏地带分布。

因修路、筑路、伐木、采矿、开荒等种种不当的人为活动，不但破坏了地表的植被、土壤的抗蚀层，还引发了斜坡地失稳、沟谷阻塞、排水不畅、地下水位上升等危害，造成老泥石流复活或引发新的泥石流产生。比如，四川冕宁盐井沟矿山泥石流、云南个旧尾矿坝溃决泥石流、海南铁矿排土场泥石流都是因此而产生的。

伐木

8. 影响泥石流分布的因素

我国泥石流的分布明显受地形、地质和降水条件的控制。在地形方面，泥石流主要分布地区是山区。在地质方面，主要分布在较软弱或风化严重的岩石地带。我国泥石流还与降雨情况有着密切关系，多发生在雨季和暴雨、大暴雨的时候。

我国泥石流集中分布在青藏高原及其周边地区，中国东部的山区、低山丘陵和平原的过渡带这两个带上。这是我国泥石流的密度最大、活动最频繁、危害最严重的地带。

以上两个分布带

板岩

中，泥石流又在一些沿大断裂、深大断裂发育的河流沟谷两侧集中分布。

在各大型构造带中，片岩、板岩、片麻岩、千枚岩、混合花岗岩等变质岩系，页岩、泥岩、煤系、泥灰岩等软弱岩系和风化沉积形成的第四系堆积物分布区，是高频率泥石流的集中分布地。

片岩

泥石流的分布还受到大气降水、冰雪融水的显著特征的影响。气候在干湿季有明显的差异，偏于暖湿，局部有高强度暴雨或冰雪融化速度快的地区，如云南、四川、陕西、甘肃、西藏等地，也是泥石流的多发区。由于东北和南方地区未受到上述显著特征的影响，泥石流的发生频率则比较低。

需要注意的是，泥石流的形成分布不仅受自然因素的影响，如地形地貌、地质构造、地层岩性、气候因素以及新构造活动等，人为活动也能对其造成影响。

以上是中国的地质灾害分布，世界其他地区的泥石流分布也有一定的特征，介绍如下：

亚洲的山区面积较广，占总面积的3/4，有丰富的松散碎屑物质储备，地表起伏很大，为泥石流的形成提供了巨大的能量，以及良好的能量转化环境，而且这些区域降水丰富、冰川地带多，因此，泥石流分布最为密集。整个亚洲有

30多个国家分布有泥石流，其中，近20个国家的泥石流分布密集或较密集，如日本、印度、菲律宾、尼泊尔、巴基斯坦、格鲁吉亚、哈萨克斯坦、印度尼西亚等。

欧洲主要的地貌是平原，丘陵、山地只占40%，仅有2%不小于2000米的山地，这些山地集中在南部，由于海拔高、坡度陡，火山、地震频发，冰雪储量大，有丰富的降水，所以这些地区泥石流分布广泛。欧洲20多个国家分布有泥石流，其中，有10余个国家的泥石流分布密集或较密集，如法国、瑞士、俄罗斯、意大利、奥地利、罗马尼亚、保加利亚、斯洛伐克等。

北美洲西部为山地和高原，属于科迪勒拉山的北段，海拔较高，坡度陡峭，地震、火山活动频繁，有丰富的降水，泥石流分布广泛。整个北美洲有10多个国家分布有泥石流，其中，有七八个国家的泥石流分布密集或较密集，如美国、加拿大、墨西哥、危地马拉等。

南美洲西部属于科迪勒拉山的南段，同样的，海拔较高，坡度陡峭，地震、火山活动频繁，有丰富的降水，还有大量的冰雪融水，形成泥石流的广泛分布，造成很严重的潜在危害，它的分布密度和活动强度仅逊于亚洲。南美洲各国都分布有泥石流，其中，泥石流分布密集或较密集的国家或地区有秘鲁、圭亚那、阿根廷、委内瑞拉、哥伦比亚、玻利维亚、厄瓜多尔等。

非洲是一个高原型大陆，在高原的沿海地带矗立着高大

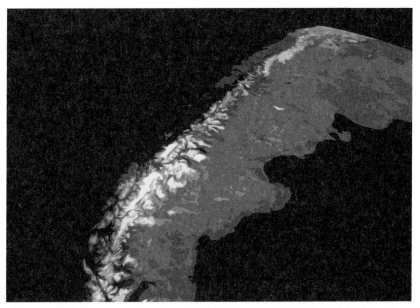

科迪勒拉山

的山脉，在地应力的强烈作用下，世界上最大的裂谷在东非地区形成。在东非和中非，地震灾害频繁，火山活动活跃，赤道降水最多，沿南北两侧降水逐渐减少。因此，泥石流的频率也由赤道，特别是在沿海地带向南北两侧逐渐降低，但是，非洲泥石流整体活动强度较低，较正式的记载和报道也较少。从泥石流形成的具体条件我们可以分析得出，整个非洲有将近30个国家都分布有泥石流，其中，有近20个国家的泥石流分布密集或较密集，如

火山活动频繁

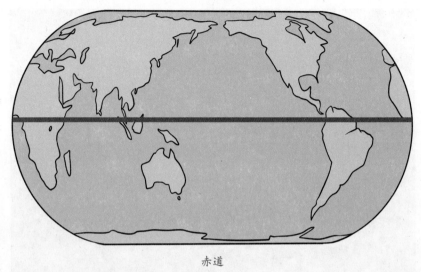

赤道

加蓬、中非、喀麦隆、刚果（布）、刚果（金）、尼日利亚、马达加斯加等。

　　大洋洲，指的是大洋中由10000多个大小不同的岛屿组成的陆地，只有澳大利亚面积较大些，其余岛屿的面积都很小，泥石流活动强度也比较低。根据报道资料和泥石流形成条件分析，整个大洋洲有泥石流分布的国家和地区包括新西兰、胡瓦岛、澳大利亚、巴布亚新几内亚、印度尼西亚（大洋洲部分）等，其中，分布最密集的是新西兰。

9. 泥石流的组成

　　泥石流中的固体物质大小各异，较大的石块粒径可在10米以上，小的泥沙颗粒粒径只有0.01毫米，其大小可以相差100万倍！此外，泥石流中固体物质的体积比例也有很大的变化，小规模的泥石流，固体物质可能只占总体积的20%，而大规模泥石流就可达80%，因此，泥石流的密度能够到达1.3～2.3吨/立方米。

如果我们把泥石流中的固体物质称为"石"，把含水的黏稠泥浆称为"泥"的话，泥石流按照这种比例分配，可以有三种形式：

（1）黏性泥石流。

"石"多"泥"少，固体物质占总流体将近一半的比例，最高的可达80%。这时候水已经成为黏性泥石流的组成物质，而不是搬运介质。黏性泥石流稠度大，流体中的石块呈悬浮状态，具突发性强、持续时间短、破坏力大等特点。

（2）稀性泥石流。

"石"少"泥"多，水是主要成分，黏性土的含量很少，固体物质占总体10%～40%，有很大分散性。其中，水作为搬运介质，石块在水的作用下，以滚动或跃移的方式前进，下切作用强烈。这种泥石流有时也被称为"泥流"。

（3）过渡性泥石流。

"泥"和"石"比例分配较均衡，由大量黏性土和不同粒径的砂粒、石块组成的泥石流，从整体上体现了水和泥沙石块的分配组合特征。

以上是根据密度对泥石流进行分类，是我国最常见的分类类型。除此之外，还有多种分类方法，下面，我们再简单例举几种较常见的分类。

按泥石流的成因分类：降雨型泥石流、冰川型泥石流；

按泥石流沟的形态分类：山坡型泥石流、沟谷型泥石流；

按泥石流流域大小分类：小型泥石流、中型泥石流、大型泥石流；

按泥石流发展阶段分类：发展期泥石流、旺盛期泥石流、衰退期泥石流。

（四）泥石流形成的基本条件

泥石流是地表物质迁移的一种自然过程，类似于水流、风沙和冰川。不过，任何自然现象的出现，都有它的基本条件和影响因素。

地质条件、水源条件和地形条件是泥石流形成的三个基本条件。它们对泥石流的形成有重要的作用，缺一不可。但是，过去的研究中，在利用其形成机理对泥石流进行定量研究，并以此来预测和评估泥石流的发生和发展趋势方面，尚未取得令人满意的效果，多为一般的地理描述，只是简单地作一些定性和概念的分析。

1. 地质条件

地质条件主要由泥石流形成的松散碎屑物质体现出来。在山区的一个小流域内，如果缺少足够的松散碎屑物质，泥石流就不能形成。地质条件有内力地质作用和外力地质作用

流水侵蚀搬运堆积

之分。内力地质作用包括岩性、地震、火山活动及构造、新构造运动等；外力地质作用则包括风化作用、各种重力地质作用、流水侵蚀搬运堆积等。参与泥石流活动的松散碎屑物的类型特征与其数量的多少，就是由这些错综复杂、互相关联的地质条件组合所决定。

（1）岩石性质。

岩石性质主要包括岩石的类型、完整性、软硬程度和它的厚薄等，通常与所属的地层相联系。新生界的时代新，结构松散，如第三系昔格达组、第四系黄土等，中生界、古生界及元古宇，既有软弱岩石，也有坚硬岩石，其耐风化和抗侵蚀能力有着很大的差别。泥石流形成的关键因素是岩石性质，和岩石时代没有直接关系。

岩石可以根据硬度分为硬质岩石和软质岩石。硬质岩石有着致密的结构，耐风化侵蚀，如三大类岩石中的岩浆岩，就全部属于硬质岩石。而软质岩石的结构密实性差，孔

岩石

隙多，风化侵蚀速度快，易于形成深厚的风化壳，多数的沉积岩、变质岩及含煤地层，都是软质岩石。其中，沉积岩中的半成岩和松散层，其储量、发育程度与泥石流的活动有着密切联系，如川西南一带的昔格达组属半成岩，黄土、冰碛物、残坡积层和冲洪积层等则属第四系松散堆积层。

岩石是泥石流形成的物质基础，泥石流形成的频率、规模和性质与岩石的性质有密切关系。例如，云南小江流域出露岩石类型主要为碎屑岩（砂岩、页岩）和变质碎屑岩（板岩、千枚岩），这些岩石经历了多次构造运动，发育了许多褶皱断裂，因此，整体性差，不耐风化，吸水性和可塑性大，黏粒含量丰富。其次，本区的岩石类型还有灰岩、白云岩和玄武岩等。同样地，这些地层也遭受了不同地质年代的构造变动，成为极为破碎坚硬岩块和碎屑物。这些岩石为小江泥石流的暴发提供了丰富的物质基础。又如，陇南白龙江流域，当地的软质岩石分布广泛，该地段岩性由碧口群和白龙江群的变质岩系，如片岩、板岩、千枚岩构成，其上部覆

盖了较厚的黄土。因此，此流域中下游泥石流分布密集，有泥石流1000余处，较大泥石流约490条，其中，以黏性泥石流为主。

（2）地质构造、新构造运动及地震。

地质构造类型有断裂、断层、褶皱等，其中，断裂作用对泥石流形成发育具有直接的影响。断裂在地表往往呈带状

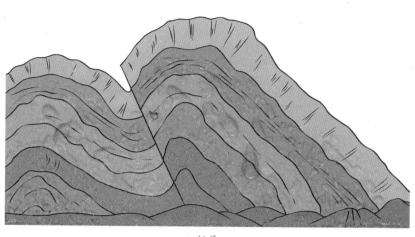

断层

褶皱

分布，在断裂带内软弱结构面发育，岩石破碎，断层和裂隙发育，生成断层角砾岩、压碎岩、糜棱岩等。这有利于加速风化进程，形成带状风化，所以，断裂带上的风化壳深厚，滑坡、崩塌等重力侵蚀发育，松散碎屑物质也非常丰富。四川西部、西南部的高原山地就有很多条大规模的深大断裂，甚至延伸到云南省北部和中部，如小江断裂带、安宁河断裂带、元谋—绿汁江断裂带等，这些由许多次级断层组成的深大断裂带，断裂破碎的宽度大，影响范围广，岩石由于遭受到强烈破坏，致使普遍出现错落、崩塌、滑坡等，形成分布密集的泥石流沟群。

此处，我们就重点介绍一下著名的小江深大断裂带。它起始于云南巧家县城附近，沿金沙江和小江流域一直延伸到云南的宜良县境，北段从巧家至蒙姑的金沙江东岸，有松散、宽厚的构造角砾层，断裂破碎带宽达1500～2000米，促进了沿岸的泥石流、倒石堆、洪积扇大范围的发育，仅巧家县城郊，就有8条大中型的泥石流沟。中段东川市的小江干流，从龙头山至小江口这90千米的江段上，就有107条泥石流分布于两岸，其平均的分布密度达1.2条/千米，此外，还有很多大规模、高频率、存在严重危害的泥石流沟，如老干沟、蒋家沟、大白泥沟等。

垂直升降运动显著，而且一直延续至今，是新构造运动的最主要特点。构造断裂带通过的地段，地貌升降运动剧烈，相对高度大，有利于形成泥石流。新构造运动活跃的山地，山口发育的新老洪积扇，有的呈串珠状，有的呈叠置状，有深厚的松散洪积物、泥石流堆积物，老洪积扇一旦被现代泥石流山洪侵蚀切割，沟蚀泥石流就会形成。例如，安宁河断裂带上就有很强烈的新构造运动，使得安宁河东侧的螺髻山强烈上升，海拔达3000～4358米，形成了五六级阶地。安宁河宽谷为断陷谷地，则相对沉降，河面海拔为1610～1328米，谷地内有巨厚的冲洪积物形成。有资料显示，在新构造运动中下陷最深的为安宁河礼州—黄联关段，有厚达1500米的新生代以来的冲洪积物。安宁河东侧的山前地带，从泸沽到德昌间有30多条泥石流沟，如西河、黑沙河、羲农河、西昌东河等，就在这巨厚的冲洪积物中发育成长。

贵州省内泥石流等山地灾害分布最为集中的区域在珠江上游的北盘江。北盘江流经贵州省的盘县、普安、晴隆、关岭一带，是新构造运动中比较活跃的相对隆升区域。此处地表受河流的强烈切割，形成了中山峡谷，山岭海拔为1800～2300米，岭谷相对高度达700～1000米，是泥石流的活跃区。

泥石流受新构造运动的影响是间接的、渐变性的，但是，由于地震现象具有突发性，其中，强烈地震能够使斜坡的稳定性遭到破坏，造成土石体松动、山坡开裂，甚至引发山崩滑坡，所以，地震能为泥石流的形成和发展提供骤发性水源和大量松散碎屑物质。在分布上，许多地质上的深大断裂带同时还是地震带，如小江地震带、安宁地震带、鲜水河地震带等。所以说，地震和泥石流在分布上是有直接联系的，通常，山区发生地震的区域也是泥石流的集中分布区。

按时间序列，可以把由地震引发的泥石流分为两类：一类是由地震触发的泥石流，也叫做同发型泥石流。例如，1976年7月28日，唐山暴发了7.9级强烈地震，由此引发了塘沽滨海平原上的天津碱厂约1000万立方米的弃渣堆积体发生了液化泥沙流。由于当地的地震烈度非常高，使体积约为200立方米的弃渣体发生了流动，其流经距离达300米，造成了巨大损失。1976年8月，松潘——平武地震，其中，出现了三次强震，由于当时是雨季时期，地处震区的松潘县小河区一带，有51条沟谷在地震同时或紧随地震之后暴发了泥石流灾害。此外，在这个年代出现的其他强震，如龙陵地震、永善——大关地震，都在地震期间伴随有泥石流灾害的发生。2008年5月

唐山地震

21日，汶川大地震暴发，2008年汶川地震重灾区的山区，从"5·12"一直持续到9月下旬都有不同程度的泥石流活动，范围几乎遍及龙门山和邻近的邛崃山、岷山等山区。另一类是震后泥石流，也叫后发型泥石流，即强震会加强泥石流活动及灾情，并扩大灾害，主要是在震后的1～2年产生影响，越往后影响越弱。例如，1970年1月5日，在这个干燥的季节，云南通海发生地震，曲江镇位于地震的震中，使得镇内山体开裂，出现了30多个崩滑体，公路交通中断六天，造成当年雨季泥石流频繁暴发。1973年2月6日，四川炉霍发生7.9级强震，在震区内，有两条构造地震裂缝带和大量地裂缝、137个崩滑体产生。地震发生在冰冻季节，但震后县城附近的罗河溪、新都河等流域内，出现了大量崩滑土体和沟岸土石体，使泥石流活动增强。2008年5月21日四川省汶川县发生里

风化作用

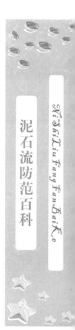

氏8.0级地震，2009年8月26日汶川县映秀镇张家坪材发生泥石流，道路中断。同时段，其他乡镇也发生不同等级的泥石流灾害。

（3）风化作风。

风化作用中对岩石的破坏作用最大，风化速度最快的是物理风化作用，它使松散碎屑物质积累快速，储量丰富，对泥石流的形成有特别大的意义。按风化程度，可将其分为以下几种。

微风化，风化系数为$0 \sim 0.2$；弱风化，风化系数为$0.2 \sim 0.4$；强风化，风化系数为$0.4 \sim 0.6$；全风化，风化系数$0.6 \sim 1.0$。这是表征山体松碎屑物质储量多少的重要方面。

强风化带的形成一般发生在风化作用特别旺盛的区域，如岩性主要为软质岩石或者地处深大断裂破碎带上的区域。

风化作用的强弱还受到气候带的影响。亚热带、暖温带半湿润半干旱气候区对风化作用最为有利。此气候区地域广大，包括陇南白龙江流域、秦岭以及华北地区，川西高原内的干暖河谷和干温河谷（大渡河中上游、雅砻江上游等），云南和川西南干湿季分明的西南季风气候区。这里的气候干季长、大陆性强、降雨变率大、气温日差悬殊，裸露的岩石土体面积大，地表森林植被稀疏，干湿交替和热胀冷缩强烈，这些不仅加快了风化速度，也增加了松散土石体的积聚过程。此外，西北、华北广大山区都覆盖有厚薄不等的黄土，这些地区泥石流非常活跃，主要的原因就是强烈的风化作用。

　　中高山区的寒冻风化作用有利于松散碎屑物质的聚集。因为川西、川西南和滇北的寒冻风化带上有许多泥石流沟的源头，寒冻风化碎屑成为泥石流物质的重要组成，寒冻风化的岩体、碎屑更是当地泥石流固体主要来源。例如，云南大理市苍山十八溪上游，岩石主要为片麻岩，滑坡等重力侵蚀不发育，泥石流形成的主要供给源就来自于海拔3000～4000米处的寒冻风化碎屑形成的水石流的固体物质。

　　藏东南及川西贡嘎山的高山海洋性冰川发育区，冰蚀、冰碛和寒冻风化作用旺盛，冰碛物异常丰富。藏东南波密古乡冰碛物厚达300米，总储量4亿立方米，成为泥石流活动的物质来源。

　　（4）重力地质作用。

　　重力地质作用包含滑坡、剥落、崩塌、泻溜和高山区域的雪崩、冰崩等。滑坡、崩塌（山崩）一般都是单个发生，土石体补给量较大，剥落和泻溜产生于山坡表层，补给量小，在暴雨作用下具有群发性。在滑坡多发区，平均每平方千米面积上滑坡体积达数千万立方米，是泥石流的大量土石体的主要来源，或一次性由滑坡崩塌转变成泥石流。据调查，绝大多数泥石流沟的上中游都有滑坡或崩塌，受岩性和构造控制，滑坡一般都分布在软质岩类、半成岩类及黄土出露的山区，崩塌则主要分布于坚硬岩石区的陡处。例如，云南巧家白泥沟中游两个大型顺层滑坡泥为泥石流松散土石体

的主要来源，两者活动时间都很长。清乾隆十八年（1753）7月开始发生首场大型泥石流将县城冲毁，此后这地方一直都有滑坡、泥石流的频繁发生，现在滑坡体积还有约500万立方米。1981年7月21日，四川奉节汪家沟连续降雨量大于或等于300毫米，上游黄泥坪发生暴雨滑坡，形成约60万立方米的滑坡型泥石流，流经两千米后在沟口造成厚约五米的堆积扇，短时期堵断朱衣河。

2. 地形条件

（1）相对高度。

泥石流形成的关键在于相对高度，因为相对高度决定势能的大小，相对高度越大，势能越大，形成泥石流的动力条件越充足。因此，高山、中山和低山区为泥石流的主要发生区，起伏较大的高原周边也有泥石流分布。从全国地貌来看，从西到东大体可分为三大地貌阶梯：海拔最高的阶梯是青藏高原，平均海拔4000米；中间阶梯为高原和盆地，海拔1000～2000米；最东部为平原和低山丘陵。地貌阶梯之间的交接带是山地，其岭谷相对高度悬殊，有强烈切割现象，最明显的第一阶梯和第二阶梯交接带上的横断山系，还有乌蒙山脉、大小凉山、龙门山脉、岷山、西秦岭、祁连山等。这些山脉平均相对高度2000～3000米，最大达5000米，这里是泥石流的集中分布区，泥石流沟占全国总数的比例很大。第二阶梯和第三阶梯之间的燕山、太行山、大巴山、巫山、武陵山、雪峰山等，平均相对高度1000～1500米，泥石流沟的数量及活跃程度就不及西部山区。

一般来说，只有相对高度在300米以上的沟谷才有可能发生泥石流。川西、滇北、陇南等地的泥石流沟，岭谷相对高度通常为1000～2000米，发生泥石流的可能性就比较大。如川西甘洛县利子依达沟，其相对高度达2630米，发起泥石流时，带来的巨大能量可挟带直径达8米，体积300立方米，重量800吨的多块巨石，并一直挟带至沟口下游堆积。对于我国东部低山区来说，泥石流沟谷相对高度一般都在300～500米，200米左右的都很少。例如，成都平原与川中丘陵间的龙泉山脉，为海拔600～1000米的低山，相对高度200～500米，有些沟的相对高度更小，因此，流域内的势能不足，加之岩性为松软的紫红色的砂泥岩，就算具备其他泥石流形成条件，也难以形成泥石流，故而，此区属于滑坡多发区。据统计，1981年7～9月，因特大暴雨共产生滑坡2150处，平均每千米就有15.4处滑坡生成，虽然没有泥石流灾害的发生，却是全省滑坡密度最高的地区。

（2）坡度与坡向。

松散碎屑物的分布和聚集受山坡坡度陡缓的影响，形成泥石流的山地。山坡的坡度往往较陡，各地的坡度资料统计表明：分布在我国西部高山、中山的泥石流沟，山坡坡度往往在28～50度之间，东部低山25～45度。小于45度的山坡，风化物质能够存留住，因此风化壳较厚，松散碎屑物非常丰富。25~45度的斜坡，残坡积物内摩擦角大致与山坡坡度一致。我国西部高山、中山的泥石流山坡坡度相同，松散碎屑物处于极限平衡状态，一旦遇到暴雨激发，容易产生重力侵蚀。调查结果表明：25~45度的斜坡发生滑坡的可能性最大，大于或等于45度的斜坡大多发生崩塌性滑坡。不稳定的山坡成为泥石流的主要物质来源。平均坡度小于25度的缓坡山地，山坡比较稳定，很少有重力侵蚀，坡度小于5度的缓坡，水土流失轻微。

泥石流活动的强弱与山坡坡向有一定的关系。受小气候影响，在北半球的向南坡和向西坡（阳坡），泥石流的发育程度、暴发强度均大于向北坡和向东坡（阴坡）。这是因为阳坡岩石土体风化作用强度比阴坡剧烈，岩体易破碎，松散土石体较厚，再加上土体中的含水量、林草覆被率都低于阴坡，从而造成了阳坡泥石流的强度大于阴坡的强度。另外从气候上来说，我国的东南低山丘陵，多受东南季风的控制，许多东西走向和东北—西南走向的山脉南坡、东南坡正好地处南来气流的迎风面上，例如，华北的燕山山脉、太行山脉，辽东的千山山脉，这些地区容易出现暴雨天气过程。受此影响，泥石流沟主要出现在迎风坡面上，而背风坡面的泥石流沟较少。

（3）流域形状和沟谷形态。

流域形状对雨水和暴雨径流过程有明显的影响。最有利于泥石流体汇流的流域形状是栎叶形、漏斗形、柳叶形、桃叶形和长条形等几种形状。这是由于径流和洪峰流量大小，直接关系着各种松散碎屑物质的起动和参与泥石流活动，因此，与泥石流的发生有密切关系。

泥石流沟谷和普通沟谷的发育过程大体相同。从沟谷的先后发育过程来看，在横剖面上，有V形谷、U形谷和槽形谷之分；从沟谷的形成和发展来看，在纵剖面上是流水的下蚀作用及溯源侵蚀的综合结果。但是泥石流沟谷的流域面积较小，侵蚀、搬运丢及的松散碎屑物数量大，溯源侵蚀快，因此沟谷形成与发育较普通沟谷快速，这也是与普通沟谷最明显不同之处。

表征沟谷形态的三个重要参数是泥石流沟的流域面积、沟长和沟床纵坡。流域面积是清水汇流面积和堆积扇面积之和，其面积大小与沟谷形态、沟床纵坡关系密切，对泥石流的性质、规模也会产生影响。西藏、四川等地大量的泥石流沟，流域面积一般是0.5～35平方千米，小于0.5平方千米多为山坡泥石流，流域面积大于或等于50平方千米，基本上为稀性泥石流或山洪。四川攀西地区1437条泥石流统计结果表明：流域面积0.4～50平方千米的泥石流沟占总数的90.2%，面积小于0.4平方千米的泥石流沟占5.1%，面积大于50平方千米的泥石流占4.7%。日本大多数泥石流的形态特征和我国的冲沟泥石流或山坡泥石流差不多，但是泥石流沟流域面积较小，一般情况下，为0.2～10平方千米，其中最多的是0.2～0.4平方千米。

泥石流防范百科

Ni Shi Liu Fang Fan Bai Ke

泥石流的能量及活动强弱可以由沟床纵坡的大小体现出来。根据沟床纵坡的大小，可以将泥石流分为沟谷泥石流、山坡泥石流、冲沟泥石流以及非泥石流的清水溪沟。沟床平均纵坡较小，一般在5%～30%时为沟谷泥石流。沟谷泥石流的流域面积较大，上中游有支沟泥石流汇入，下游沟床开阔，沟床纵坡曲线上段较陡下段较缓，呈上凹型，可容纳大量的泥石流堆积。山坡泥石流或冲沟泥石流的河床平均纵坡较大，一般大于或等于30%。这是因为它们的流程短，沟型单一，无支沟汇入，并且沟床纵坡的曲线呈现直线型。当沟床纵坡变缓，一般小于5%时，泥石流活动也就逐渐减弱，便过渡为非泥石流的清水溪沟。

3. 降水条件

泥石流形成还要有数量充足的水体（径流）。一方面水体是泥石流物质的组成部分，泥石流是固液两相流体，液相物质就是水；另一方面，只有当雨水、冰雪融水形成强大的径流后，才能产生强大的动力，推动泥石流的发生。泥石流发生的水体来源最普遍的就是降雨，其次是降雪形成的冰雪融水。

（1）降雨。

降雨型泥石流在我国分布最广，占到泥石流的绝大多数。我国降水量的空间分布的总趋势是自东南向西北递减。根据气候的干燥度分为湿润、半湿润、半干旱和干旱四个区

冰雪融水

域，据此它又可分为暴雨、台风雨和雨水三个亚类。从水源条件分析，半湿润到半干旱的气候对泥石流的形成最为有利，如川滇之间的西南季风控制区域，干湿两季分明，冬春干旱期长，夏季降雨集中，多暴雨和强度大的局地性暴雨，因而成为泥石流的多发区。

泥石流的形成和降雨条件也有关系，一般来说，半湿润、半干旱地区比广大的湿润地区更容易发生泥石流。这是因为，在湿润气候区，如江南低山（含浙闽湘赣及两广）、贵州、四川盆地周边一带低山中山，年平均降水量小于或等于1200毫米，这些地区气温日差较小，降雨充沛且多暴雨、大暴雨。在东南沿海低山区有台风暴雨，而且地表的抗蚀条件（主要是森林植被）良好，山坡上的松散碎屑也易被多次发生的暴雨频繁地带走，积累的速度就相对缓慢，不利于泥石流的形成，因此，这些地区的泥石流分布比较稀疏且发生的频率很低。就四川省而论，龙门山、大巴山、华蓥山、巫山、武陵山等泥石流区，其降雨条件及自然环境与半湿润的川西、川西南高原山地区泥石流迥然不同。

我国西北干旱区，年降水量小于200毫米，河西走廊西部和南疆甚至小于50毫米，但是也有泥石流活动。甘肃河西走廊两侧的山地、甘青两省间的祁连山、宁夏回族自治区贺兰山东麓、新疆的天山以及南疆喀什、疏勒等地都是泥石流的发生地。这些干旱区年降水量少，但夏季降雨集中，有时发生短时高强度的降雨，甚至一次强降雨占全年降水量的一半。在西北高山区，泥石流产生的重要原因还在于降水量的梯度变化。新疆西天山一带最大降水高度一般海拔2500～3000米，降水量500～800毫米，这一高度正好为泥石流沟的水源区。

形成泥石流的降雨条件相当复杂，除了前面我们提到的，还和雨区的范围大小有关系。根据雨区范围大小，可以将其分为两类，一类为雨区范围小，时间短的局地暴雨，还有一类为雨区范围较大时间较长的区域性暴雨，如1981年7月13日川西北龙门山区暴雨、1982年7月26～29日川东特大暴雨等，都会引起多沟齐发的泥石流。此外，根据泥石流前期雨量和泥石流发生的当日雨量两者的相对值，可以把引起泥石流发生的降雨过程分为前期降雨丰沛型、前期降雨不丰沛型和无前期降雨型湿润区的泥石流。前期降雨丰沛，降雨历时长的，则在降雨量最大时出现泥石流。许多半湿润干旱区的泥石流，降雨历时短暂，无前期降雨或有降雨，但数量不多。

（2）冰川雪水。

还有一些泥石流是以冰川、冰雪融水和冰湖溃决为水源的，它们多发生在青藏高原南部、东南部和西北部的高山区。在海洋性冰川区，如果夏季天气持续高温晴朗，冰雪强烈消融往往会突然暴发泥石流，西藏东南部的高山地带就是如此。当冰雪消融和暴雨共同激发时也会暴发泥石流。例如，波密县的培龙沟，在1983～1986年就曾经发生过特大泥石流灾害，多次冲毁川藏公路，并且堵断波斗藏布而形成了培龙湖。之所以如此，这和培垒沟的源头——海洋性冰川是分不开的。冰川长8.2千米，宽0.3千米，厚约50.0米，水源相当丰富，并且在沟谷的两旁都有数米厚的古冰碛台地，在夏季的时候，冰雪遇高温融化，加之暴雨的共同激发从而引发了泥石流灾害。由冰湖溃决水源造成的泥石流有工布江达县唐不朗沟、定结县吉来浦沟、樟木口岸境内次仁玛措等，产生于高山区的海洋性冰川地带，都是因为连续高温天气使冰雪强烈消融，冰川舌突然滑入冰碛湖中，增大了冰水压力，导致终碛堤溃决，形成泥石流。

4.各种因子在泥石流形成过程中的作用

前面我们提到了关于泥石流的形成条件和影响因素，但是一些具体的因素，如哪些是相对稳定的，哪些是活跃的，哪些因子是缓变的，哪些是急变的，以及它们在泥石流中起什么作用，我们还不了解。只有了解了这些因素，我们才能更好地对泥石流的发生进行综合评估。同时，也有利于我们抓住主要因子、活跃因子，使泥石流的防灾减灾工作能够顺利开展，通过对泥石流的形成进行预测，将复杂的事情简单化。

（1）影响泥石流发生的缓变因素和急变因素。

在主导泥石流发生、发展的条件和因素中，各个发展因素的影响是不一样的，有的影响是快速的、突变的、相对活跃的，有的影响是缓慢的、渐变的，相对稳定的。地形条件中的山体隆升属缓慢因素，新构造运动升降差异最多也不过每年几厘米。

大的地貌格局，山脉的形成布局，如山地中的极高山、高山、中山和低山的海拔、形态等都是地质历史时期形成的。地质中既有缓变因素，也有急变因素，中小地貌像沟谷形态、沟谷纵坡、流域面积、山坡坡度、阶地、跌水（指的是在陡坡或深沟地段设置的沟底为阶梯形，水流呈瀑布跌落式通过的沟槽）等，变化一般比较缓慢。风化作用能够形成风化壳，比如，一般比较厚的高温多雨的热带风化壳，厚度都在20米以上，而高山区的寒冻风化作用非常盛行，但是风化过程较慢。动力地质作用，影响了山坡上残积物、坡积物的形成，河床与沟床的侵蚀、堆积是不断积累长期渐变的过程，由于长期地积累，泥石流沟床内形成了丰富的松散碎屑物质。气候和降水条件呈周期性变化，地质历史上的冰期、间冰期，人类历史上的气候、降水条件的波动，都属于缓变因素。

地质条件中的重力侵蚀属于急变因素，泥石流沟内的滑坡、崩塌等重力侵蚀及陡坡耕地上的强度剧烈侵蚀、泥石流对沟谷侵蚀的"揭底"现象，造成了侵蚀模数和侵蚀深度的加大。

云南东川蒋家沟沟口外1965年修建的泥石流堤，随着沟床的淤高，现在堤顶已高出堤外原堆积扇地面41米，就像一座"城建"。强震转眼间就能改变地表形态，发生于山区的强震（如1933年四川叠溪地震、1950年西藏察隅地震和1976年松潘平武地震）都造成了山崩、泥石流，大量松散碎屑物质充填山谷，甚至堵江成湖。暴雨、大暴雨、天然堤坝的溃决、冰湖溃决等突发性水源激发的泥石流，也都属于急变因素。人为活动对泥石流的影响在当今最为活跃，开矿、筑路、弃碴使松散土石体的数量剧增，同样也属于急变因素。

分析主导泥石流发生的缓慢因素和急变因素，目的是在于知道哪些因素是不可控制的，哪些因素是可控制的。缓变因素是指天空、地表和地下等大的自然环境，这些因素随人类历史的发展在缓慢地变化着，是不可控制的。一个流域或区域的泥石流只有具备发生的环境和条件时才能存在。泥石流在有利的组合关系下会很活跃，急变因素都发生在陆地表面，有的因素人类目前技术还不可能控制它、治理它，这些不可控制的因素，人们只能预防、监测、避开它，如大型的滑坡、崩塌、泥石流、地震等。另外，如中小型滑坡、崩塌、泥石流等在人类目前技术条件下，是能够控制和整治的。关于人为活动，因我国的人口、资源、环境所带来的一系列问题，导致人地矛盾越来越突出，环境质量每况愈下，加之季风气候明显，各种灾害丛生。

（2）形成泥石流的激发条件。

在同一地质、地形条件相比之下，降水是引起泥石流暴发和规模最活跃的条件。由于降水有比地形地质更大的年月日变率，因此，世界各国都将降水作为泥石流发生的激发因子和预测指标。

不同成因类型的泥石流有不同的激发条件，暴雨或大暴雨激发常常引起雨水泥石流，连续数日的高温引起冰雪强烈消融就会激发冰雪消融泥石流，沟蚀泥石流要求足够大的暴雨径流才能起动。这些暴雨、气温、径流都具有数量界限，即通常所说的临界值，达到或超过临界值，泥石流就将发生或大量发生。我国和国外的一些泥石流专家对泥石流发生的临界值，特别是暴雨临界值，都进行了较为深入的研究。

暴雨雨滴对地表的侵蚀力量和溅击是很强的。据研究，直径4.5毫米具有9米/秒终速度的大雨滴产生的动能，比直径1.0毫米具有3.8米/秒终速度的小雨滴产生的动能大500倍，降雨强度70毫米/小时的暴雨几乎是强度50毫米/小时暴雨所散失在地面功能的100倍，这类暴雨在一小时内可把15

厘米厚的表土层分别拉起84厘米和90厘米，而强度20毫米／小时雨量的能量连土块都不能打碎。强大暴雨所具有的侵蚀力和打击力，使得陡坡上处于临界平衡状态的松散碎屑物失去稳定而坠落，这是运动水体作用的一部分。另外一部分作用是暴雨使斜坡上土石体中含水量猛增，增大了静水压力的孔隙水压力，增大了含水后的土石体重量，而减小了摩擦系数和安息角，如干燥时的沙黏土的摩擦系数0.84，饱和后就下降到0.31。随着松散碎屑含水量达到饱和甚至是过饱和，再加上暴雨径流的冲蚀，造成山坡上的土石体下滑，生成崩塌、暴雨滑坡、山坡泥石流。关于沟槽雨、径流雨沟蚀泥石流起动的关系，由模型试验证明，"表面流"使沟床堆积物起动的条件，与沟床坡度、径流临界深度和砾石粒径有关。沙石层中因泥石流发生产生的临界坡度约为14度，只有沟床坡度超过14度，表面流水深和颗粒粒径之比为1∶4时，才能发生沟槽泥石流，但是，如果表面流水深和颗粒粒径之比超过1∶4的时候，颗粒移动层和水流层就会发生分离，形成普通山洪。

目前我们在暴雨泥石流的临界研究方面，使用区域临界雨量指标。所谓区域临界雨量是指在区域内，当面上的降雨量和平均降雨强度达到或超过一定量级时，在该区域内，就可能有许多泥石流沟同时发生泥石流。一般来说，半湿润半干旱、泥石流沟相对高度较大的山区，暴雨泥石流区域临界雨量值偏低，我们将其称之为低雨型，如川西南（凉山州、攀枝花市）、川西、川西北（阿坝州、甘孜州），区域临界日雨量值偏低，仅25～80毫米。湿润气候、泥石流沟相对高度较小的山区，区域临界雨量则值偏高，我们称之为高雨型，如重庆市（含长江三峡）、大巴山即四川盆地西部的龙门山，暴雨泥石流的区域临界日雨量值偏高，达到120～200毫米。

我国的暴雨泥石流皆有规律，区域临界雨量值达150～200毫米／天的大暴雨或特大暴雨，雨强超过60毫米／小时才能形成泥石流。武陵山、南岭、井岗山及云岭等低山区，气候湿润，泥石流沟的相对高度较小，临界雨量值同样偏大，如湘桂间南岭、江西井岗山的泥石流，雨强达到150～200毫米／天才能暴发。华北的燕山、太行山东麓及辽东辽西山地为低山区，泥石流沟的相对高度较小，又属半湿润气候，要求有更大的水动力条件。西北半干旱区的暴雨历时短暂，泥石流发生的雨强需20～40毫米／小时。

日本属湿润区，气候类型不及我国复杂，受梅雨、台风雨的影响，年降水量只有1200～2000毫米。据研究证实，只要产生150毫米／天以上的大暴雨或30毫米／小时以上的雨强时，就有可能发生崩塌、泥石流。

日本

发生冰雪融水泥石流和气温、降水变化有很大关系。西藏和西北高山冰雪区，如果冰舌部分的日平均温度达到5度的时候，使冰川急剧消融，冰雪融水量明

海洋冰川

显增加。能激发泥石流的日平均温度下限：海洋冰川一般为5度，大陆性冰川一般为9度。在高山冰雪区如果夏季高温时再伴有丰沛降雨，异常充足的水源更加促成了泥石流的发生。在藏东南波密等地的海洋性冰川区，夏季高温时间长，又逢多雨年，暴雨频繁，这些都是增加泥石流暴发的重要因素，培龙沟曾有四年连续发生多场大型泥石流。横断山脉高山区冬季若出现降雪异常，夏季又逢持续高温或春末夏初突然增温，很容易多沟同发泥石流。贡嘎山区1980年7月下旬连续8

大陆性冰川

天高温，冰雪消融强烈，又骤降暴雨，瓦斯沟流域多条支沟暴发泥石流。

（3）影响泥石流发生的可能性因素。

泥石流的形成包含三个基本条件和两个影响因素，而每一类中又包含了众多的因子。它们在泥石流形成过程中，相互作用，互相影响。

我们先来看一下泥石流形成的三个基本条件。

地形条件：主要为泥石流提供动能。流域形状和面积大小决定着泥石流形成的规模，所以地形条件主要因子应考虑坡降，流域比高，沟谷密度，保持厚度。

地质条件：主要为泥石流形成提供固体物质。岩性、构造、地震、风化程度及不良地质现象等主要因子，决定着不稳定固体物质的数量和可动性。它们在本区越发育，泥石流形成的可能性越大，反之亦然。同时泥石流的黏性或非黏性也由地质条件决定。

降水条件：降水是泥石流形成的重要条件，为泥石流的发生提供充足的水量，也是泥石流及滑坡、崩塌发生的激发因素。雨强、暴雨频率、雨量和气温四个因子是降水条件中的主要因子。这些因子均系不稳定因子，经常发生变化，是形成泥石流最重要、最活跃的因素。其中，气温主要对冰雪融水引起的泥石流起作用。

如果泥石流影响因素发生变动，那么，其他的条件也会受到影响。我们来看一下泥石流的两个影响因素。

环境因素：环境因素是加速或减弱泥石流发生规模、频率的影响因素。其中森林覆盖率、水土流失状况及荒漠化状况是影响因素中最主要的因子。泥石流的加剧或减弱受环境影响的同时，也可以影响环境变化。环境变化更受到人类经济活动的控制。

社会经济活动：人类经济活动主要表现在：泥石流区内的陡坡耕地面积率、放牧方式、牛羊密度、人口密度和人均收入等级（贫困、中、富裕）。这些经济活动直接影响到环境的改变。经济活动合理，就能够保护和优化环境，减轻泥石流的灾害，经济活动不合理，则加剧山地泥石流灾害的发展。

（4）泥石流产生的可能性评定。

如何根据泥石流形成的条件和影响因素，来定量地综合确定发生泥石流的程度，国内外都有关于此类的研究，但没有一种方法是通用的，例如资料统计法（专家评分法）、主导因子相关分析法（灰色系统分析法）、临界常数分割法。以上方法，都带有主观性和经验性，没有统一的指标，最后得出的结果差别也很大，不能交叉研究。

这里我们依据上述泥石流因子分析，暂确定各因素在泥石流形成中的权重，给予赋值。比如，我们确定泥石流形成的极值为100，形成的临界值为60。然后根据取值计算，进行打分评估如下：

小于60：泥石流不发生；

60～70：泥石流发生可能性小；

70～80：泥石流发生可能性中等；

大于80：泥石流发生可能性大。

（5）泥石流的形成条件影响因素。

综合评估泥石流发生的可能性，理论上来讲是全面可靠的，但是要做到定量每个因子和相互关系，就极为复杂且不可能了，所以，我们可以利用形成泥石流的三大条件进行概化，以预测泥石流发生的可能性。这方面的尝试，过去无人涉足。这里提出的利用三大条件进行泥石流发生可能性预测模式，也只能是提供进一步探索此问题的思路和方法。

最后研究发现，除了其他条件以外，下垫面土体的性质还有十分重要的作用。如果我们对某个泥石流发生区能够做出比较详细的调查和实验，用同样的方法绘制出该区域泥石流形成条件略模图，就可以评估泥石流的形成了，而且也可作为泥石流预测预报的基础资料。

（6）降雨因素的影响。

为了简化对泥石流产生的预测和泥石流灾害的预报工作，降雨就成为了世界各国作为泥石流预报指标来重点观测研究，达到可操作的目的。根据这一方法，在这一领域里也取得了不少成果，但一般都是频率高的泥石流沟，并且都具有地区性，没有普遍性，不适合大范围地推广。为了使这种方法分析方便，首先需要弄清楚被预测的泥石流沟是高频率还是低频率泥石流，因为两种流域环境条件有很大的不同，要求的雨量临界值也不相同。根据近几十年中国所发生的泥石流灾害的统计，中国的泥石流灾害一般有两大类，一类是高频率泥石流（一年或几年暴发一次或多次的泥石流）引起的灾害；另一类是低频率泥石流（几十年到几百年才暴发一次的泥石流）引起的灾害。这两类泥石流在流域的环境背景、需要的降雨条件及形成机理方面都有明显的不同。

利用降雨预报泥石流的方法有很多种，例如，临界雨量值判别、降水过程天气系统成因法、临界水深测量法、雨量等值线图解法等，都可以应用于泥石流的预报中，但目前得到的研究较深入、能够普遍应用于实际的是临界雨量值判别法。

5. 泥石流产生的外部因素

泥石流形成所具备的三大条件是一个长期较稳定的地质作用过程的结果，是泥石流发生的内因，但是，受当地周围环境（自然环境、生态环境和地质环境）和人类经济活动的影响，泥石流产生的规模、次数、活跃程度不同，这是泥石流产生的外因。以下将具体讨论泥石流形成的三个主要影响因素。

（1）地理环境因素。

由于周围环境的差异，尽管条件相同，泥石流发生频率和规模也会大相径庭。自然环境、地质环境和生态环境的好坏是泥石流形成的环境要素，但要做到定量分析这些因素就变得很复杂了，因此我们一般通过评价当地环境的优劣，如森林覆盖情况、水土流失状况和不良地质现象等，来区分环境的差异。

　　森林植被是陆地生态系统的主体，它生产的生物量达100～400吨／公顷，为农田或草本植物的20～100倍。森林（含地被物和森林土壤）能形成复杂而稳定的生态系统，通过与环境相互影响，产生包含对泥石流形成、活动和灾害规模造成的影响等多方面的效应。森林植被对泥石流的影响有正负两方面的效应：一方面是森林破坏致使生态环境恶化，从而加强泥石流活动，加重泥石流灾害程度；另一方面是茂密而多层的森林植被促进生态环境向良性转化，从而逐渐削弱泥石流活动，对预防、降低泥石流灾害发挥着重要作用。总的看来，森林植被不属于泥石流形成的基本条件，而是重要的影响因素。

　　首先是森林植被类型的影响。亚热带热带常绿阔叶林的防护作用最强，针叶林、次生的针阔叶林、幼林、疏林等作用效应次之，再是森林覆盖率愈大，覆盖愈均匀，其持水保土、防止土壤侵蚀的作用愈强。根据研究测试，森林覆盖率对山坡泥石流有很强的抑制和消减作用。当森林覆盖率小于30%时，对暴雨洪水削减作用不大，当森林覆盖率大于或等于60%时，能够明显地防止片蚀沟蚀。据日本试验显示：森林区自然侵蚀量10～100立方米，而泥石流溪沟每次冲出的泥沙量1万～10万立方米，相当于森林区1000亩的侵蚀量，且无论汇水面积大小，此值几乎是稳定的。

　　由于学术界对森林水文效应的认识还存在着不同的观

点，因此，森林植被影响泥石流程度的评价应适当。首先森林对保持水土、治理大面积水土流失（含治理山坡泥石流）的功效有目共睹，能起到稳定山坡土层，防止侵蚀的作用。但在稳定滑坡和崩塌土石体，防止重力侵蚀方面，效果有限，特别是当中厚层滑坡的深度在三米以下时，森林起不到稳坡作用。因此森林对以滑坡或崩塌为主提供松散碎屑物质来源的泥石流沟产生的抑制作用极其有限。再者森林虽可削减泥石流形成的水体补给量，但其作用也是相对的，当暴雨量特别大或持续时间比较长时，即使在中上游森林茂密的情况下，以暴雨山洪为动力的沟蚀泥石流仍然会发生。这是由于当暴雨量特别大或持续时间较长时，森林及林下土壤持水入渗能力达到饱和，暴雨会全部转为山坡径流，并汇成强劲的沟谷径流，这时，森林就起不到削减山洪的作用。四川甘洛利子依达沟上中游森林植被茂密，全流域覆盖率达81.1%，其中阔叶疏林覆盖面积占全流域面积的66.8%，次生密林达14.3%，部分地段树丛密集，连通行都很困难，但在1981年7月9日一场强暴雨引起山洪冲蚀沟床，形成一次特大型泥石流，造成沟岸大量坍塌，沟床被揭。由此可知，优良的生态环境只能减轻灾害，却不能消除隐患，这就是环境因素的作用。

（2）人为因素。

人为活动对泥石流发生、发展有消极和积极两个方面的影响：积极方面体现在对泥石流进行预防与治理上，以下所涉及的全属于消极方面。人类经济活动（如开矿、筑路、采石、兴修水利、森林乱砍伐、陡坡开荒等）都会对泥石流产生影响，并且随着人口增长，人与土地矛盾突出，这种人为活动的影响就会变得越来越深刻，呈现不断增强的趋势。据铁路部门统计，全国铁路沿线由于人类不合理开发活动造成的泥石流灾害占其1/3。成昆铁路因泥石流中断而造成的行车事故中，有65%都是产生于不合理的人为活动。四川攀枝花市、泸沽铁矿、江西德兴铜矿、永平铜矿、云南东川矿务局、易门铜矿、个旧锡矿、贵州六盘水市等工矿区域均先后暴发过矿山泥石流。外部条件重要的影响因素是人为影响，可加速泥石流形成发展的进程。人类不合理的经济活动，往往造成这类泥石流的发生。云南小江流域就是一个典型的例子。在东晋时常璩著的《华阳国志》和《东川府志》记载东川出银、铅、铜，自然环境优越，小江两岸，森林茂密，人迹罕至，气候湿热有瘴气。据记载东川从唐朝开始采铜矿，经历了清乾隆最盛时期。

历代的"政铜"、"商铜"掠夺式的开采，进行烧炭炼铜，当时炼铜50千克需炭500千克。最高年产800多万千克铜，每年需用炭8000万千克，照此算来，估算每年要砍伐森林10平方千米。距今1000多年的时间里造成了大批的森林被砍伐。所以到了今天，这里的森林已砍伐殆尽，变成了一片荒山秃岭。据1983～1984年实地调查，这里是我国泥石流危害最严重的地区，这和只有8.88%的森林面积是分不开的。

（3）水土流失的因素。

覆盖地表的植物群落总称植被。所谓植物群落，是指一定地段的植物的总体。森林、草丛、灌丛、农地、果园等就属于植被的范畴，而一棵树木、一株草或者一棵玉米等只能属于植物的概念。当森林死亡的时候，死亡的不仅仅是树木，而是一个生态系统。据世界自然保护基金会估计，全球的森林正以每年2%的速度消失，进入20世纪90年代以来，每年有13万～15万平方千米的热带雨林变成荒地，非洲的热带雨林只剩下原先的1／3。按照这个速度，50年后人们将看不到天然森林了。

森林是陆地生态的主体，各种林产品有着广泛的经济用途，森林在维持全球生态平衡、调节气候、保持水土、减少洪涝等自然灾害方面，有着极其重要的作用。森林对保护生态环境也具有重要的作用。但从全球来看，森林破坏仍然是许多发展中国家所面临的严重问题，所导致的一系列环境恶果引起了人们的高度关注。

自然界中的一切动物都要靠氧气来维持生命，而森林是天然的制氧机，可以说森林是陆地生命的摇篮。如果没有森林等绿色植物制造氧气，生物生存将失去保障。

森林是天然的制氧机

森林能够阻滞酸雨、降尘、可衰减噪声，还可以分泌杀菌素，杀死空气中的细菌，净化大气，所以森林又是消灭环境污染的万能净化器。

森林

森林能使二氧化碳转化为生物能量；能促进水循环，调节气候，延缓干旱和沙漠化发展；能保护农田，增加有机质，改良土壤。因此森林是自然界物质能量转换的加工厂和维护生态平衡的重要原动力。

森林是陆地上最大、最理想的物种基因库。它繁育着多种多样的生物物种，保存着世界上珍稀特有的野生动植物，为人类提供大量林木资源，是世界上最富有的生物区。

森林具有保护环境的功能。它具有美化环境、保护环境及生态旅游等功能。

（五）全球森林状况

1990年，森林及稀疏的丛林和灌木林所覆盖的面积是51亿万平方米，约占地球陆地面积的40%，其中属于联合国粮农组织定义的"森林"有34亿成平方米（在发达国家树冠覆盖率至少为20%，在发展中国家为10%）。从联合国粮农组织1990年所进行的评估来看，进入20世纪50年代以后全球森林面积的减少比较严重，其中1980～1990年期间损失最为严重，约相当于韩国的面积，造成全球平均每年损失森林9.95万平方千米的严峻形势。到21世纪初，全球至少损失2.2×10^8公顷的热带森林。

从世界各地区的情况来看，在非洲、亚洲和拉美等地，约有热带森林（包括雨林和湿润落叶林等）18亿万平方米。北美、欧洲、亚洲等地的温带森林主要集中在工业化国家，共有16亿万平方米。由于热带森林有着巨大的调节气候功能和丰富的物种，近年来热带森林减少一直是世界热点问题。

1. 森林减少的主要原因

（1）林木需求量增大。

温带森林的砍伐在历史上很早的时候就出现了，随着工业化的进程，欧洲、北美等地砍伐掉了1/3的温带森林。热带森林的大规模开发只有30多年的历史。美国进入中南美，欧洲国家进入非洲，日本进入东南亚，都开始寻求热带林木资源。在这一期间，各发达国家进口的热带木材增长了十几倍，达到世界木材和纸浆供给量的10%左右。但近年来，越来越多的国家已禁止出口原木，以此来保护热带森林。

（2）侵占林田，烧荒做耕。

为了满足人口增长对粮食的需求，在发展中国家开垦了大量的林地，特别是农民非法烧荒耕作，造成了森林的严重破坏。据估计，热带地区的森林采伐由于烧荒开垦造成的约占半数以上。在人口稀少时，农民在耕作一段时间后就转移到其他地方开垦。刀耕火种对森林尚构不成多大危害，原来耕作过的林地肥力和森林都能比较快地恢复。但是，随着人口增长，所开垦林地的耕作强度和持续时间也跟着增加了，土壤的侵蚀也就加剧，严重损害了森林植被再生和恢复能力。

（3）环境污染。

在欧美等国，空气污染显著影响了森林的退化。1994年欧洲委员会对32个国家的调查发现，由于空气污染等原因，欧洲大陆很多森林有中等或严重落叶的现象出现。

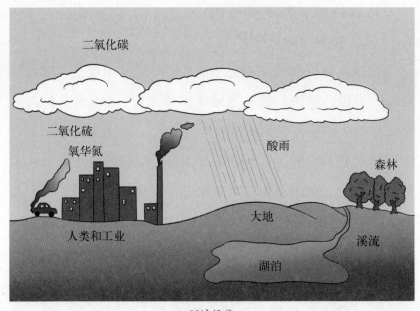

二氧化碳

二氧化硫

氧华氮

酸雨

森林

人类和工业

大地

溪流

湖泊

环境污染

（4）采薪伐材。

全世界约有一半人口用薪柴作炊事的主要燃料，每年从热带森林中运出用做燃料的林木就有一亿多立方米。人口的增长，使得薪材的

采薪伐材

需求量也相应增长，林木采伐的压力也日益增大。

（5）过度放牧。

中南美地区，特别是南美亚马逊地区，为了满足美国等发达国家的牛肉需求量，砍伐和烧毁了大量森林，使之变为大规模的牧场。

过度放牧

2. 森林减少会造成的危害

（1）气候异常。

没有森林，就会产生降雨减少、风沙增加等气候异常。随着森林的减少，水从地表的蒸发量将显著增加，从而引起地表热平衡和对流层内热分布的变化，地面附近气温也随之升高，降雨时空分布也就会发生相应的变化，由此造成局部地区的气候恶化。

（2）二氧化碳排放增多。

森林对调节大气中二氧化碳含量有重要作用。一味地砍伐森林，将会降低森林吸收二氧化碳的能力，同时会把原本储藏在生物体及周围土壤里的碳释放出来。专家推测，世界森林总体上每年净吸收大约15亿吨二氧化碳，相当于化石燃料燃烧释放的二氧化碳的1/4。森林砍伐减少了森林吸收二氧化碳的能力，并且把原本储藏在生物体及周围土壤里的碳释放了出来。据联合国粮农组织估计，由于砍伐热带森林，每年有15亿吨以上的二氧化碳释放到了大气层。

（3）物种灭绝和生物多样性减少。

森林生态系统是物种最为丰富的地区之一。但是由于对森林的砍伐，造成了世界范围的森林破坏，尤其是可能包括了已知物种一半的热带森林，正在以每年4.6万平方千米的速度消失。世界上数千种动植物受到灭绝的威胁。

（4）水土侵蚀加剧。

大规模森林砍伐通常造成严重的水土侵蚀，形成滑坡、

泥石流等自然灾害，尤其是加剧了土地沙化。

（5）水源涵养被破坏，加剧洪涝危害。

森林破坏还从根本上降低了土壤的保水能力，加之土壤侵蚀造成的河湖淤积，导致大面积的洪水泛滥，加剧了洪涝的影响和危害。

（六）泥石流的形态及活动

1. 坡面和沟谷泥石流的形态特征

（1）坡面泥石流形态。

坡面泥石流通常发育在较陡山坡上的短小沟槽。它可以是由发育不完全的侵蚀沟组成，也可以是由切沟、纹沟、细沟和冲沟组成的山坡泥石流沟道。美国地质调查局将发育在山坡上坡面泥石流按发育程度和部位分为以下四类。

第一类：泥石流是由山坡凹地高位开始，经过沟道而流入坡脚处开阔地，这里往往是居民生活区，会造成严重灾害。

第二类：泥石流一般在陡峻的山坡凹地开始形成，在凹地向下的地方会产生十分严重的灾害。

第三类：山坡的开挖和道路的切坡导致的快速运动滑塌。这种滑塌体在融水和暴雨的作用下，形成天然崩落和泥石流，导致道路受到阻塞或破坏。

第四类：融水和降雨径流，通过道路表面和坡面冲刷切割其下的斜坡而引起的泥石流和土石滑动。它的上部影响渠道、道路和建筑安全，其下部危害人类的其他经济生活。

山坡泥石流虽然破坏力没有沟谷泥石流那样明显，其规模也比沟谷泥石流小。但它与人类经济生活密切相关，所以它是广大山区的城镇道路、居民，各类工程设施普遍遭受的自然灾害之一。这类泥石流现象发生时，总量一般不大，在几十立方米到几千立方米土石体范围之内。

（2）沟谷泥石流形态。

泥石流沟谷形态与河流沟谷形态区别如下：

第一，从纵向上来看，泥石流沟谷绝大部分呈直道性，弯曲性小，比高含沙水流河流短而陡。

第二，从横向上来看，泥石流沟谷多呈"V"型，比高含沙水流河流窄小。

第三，泥石流沟谷的纵比降远远大于高含沙水流的河床纵比降。

一个典型的泥石流沟谷形态，应该有泥石流形成区、清水汇流区、流通段和沉积区构成。它们的特征如下：

第一，泥石流形成区。该区不仅是水的汇集地，还是固体物质的源地。该区不仅是不良地质现象，如岩崩、错落、崩塌、大小破碎的滑坡体等的高发区，而且具有发育完整的侵蚀沟谷，即纹沟、细沟、冲沟等，泥石流就是在这样极有利的地形和地质条件下形成和发生的。

第二，清水汇流区。该区多数位于泥石流流域侵蚀沟脑以上到流域分水岭之间地带。这个地带有利于降水径流的汇集，为泥石流形成提供充分的动力和水源。

第三，泥石流流通段。很容易理解，是泥石流形成后通过的地段。此段谷深，多呈"V"型，沟岸山坡陡峻。谷坡如果是风化的坚硬岩体，裂隙发育，常有岩崩滚石发生，在谷底有堕落巨砾和倒石锥。谷坡如果是古老的软弱的沉积岩，多数会出现表层的破碎崩滑体，其表面有非常明显的侵蚀冲沟，是小型山坡泥石流发生地，谷底常有它们的冲积锥或冲积扇，有时在较宽处的沟道内，有泥石流形成的台阶。如果上游发

倒石锥

生泥石流时，这些在流通段滞留下的土石体，就会被通过的泥石流卷走。有时候，流通段堆积体太大，从上游来的泥石流就会被阻塞，形成很大的临时性的堵塞体。当堵塞坝溃决时，就会形成规模巨大的泥石流，给下游带来巨大灾害。

第四，沉积区。泥石流沉积区有大量泥石流固体物质淤积，在这里形成各种类型的扇状地形。世界各国的地质地貌学者，对流水作用形成的扇形地多有深入研究。水流作用形成的扇形地可大致分为冲积扇、洪积扇、河流扇和崩积锥。

泥石流流域形状，最常见的有典型形态和长条形。典型泥石流流域的例子有云南东川蒋家沟和武都甘家沟流域。长条形流域泥石流形成区多在沟谷两侧的山坡上。这里分布的崩塌滑坡是泥石流形成的主要物质来源。长条形流域如甘肃武都灰崖子沟流域。

2. 地质历史时期的泥石流活动

泥石流的发生、发展、衰老以至消亡，受到一系列自然因素和人为因素的影响和制约。它的兴衰与漫长的地质历史相比，是十分短暂的。人们对近期泥石流活动历史进行研究，研究结果表明：一次泥石流的活动周期，即以某一条沟或某一区域而言，从首次爆发泥石流到停息泥石流活动为止，需300～500年。

就全世界而言，几乎在不同纬度带的山区，都有泥石流

发育。人们通过对地表的塑造作用及其对近期泥石流形成过程的研究得到启示，探索地质历史时期和人类历史时期泥石流发生、发展以及与当时地理环境的关系，意义重大。

根据泥石流活动周期在地质时期和人类活动时期存在的事实，把泥石流活动分为三大类：古泥石流、老泥石流、现代泥石流。

在地质历史上曾经出现，现在仅在地质剖面和地貌形态保留着它的残缺不全的痕迹的泥石流，称为古泥石流。

在中国，关于古泥石流，存在着两种不同观点的激烈争论。一部分人认为，某些山区的混杂沉积只是冰川活动的证据，也有一部分人认为，它应是古泥石流沉积，是泥石流活动的佐证。但对这一问题的研究，中国才刚刚开始，在世界范围内也不深入。

过去，对古泥石流的研究工作几乎没有涉及，仅注重于现代泥石流的研究。由于泥石流堆积物质的剖面结构和物质组成与冰碛物和洪积物非常类似。在很多情况下，泥石流又常与冰水或洪水相伴相生，对古泥石流遗迹重建和古泥石流形成的地理环境的鉴别带来很大困难。因此，现代泥石流研究，对古泥石流的鉴定具有一定的局限性。不少地质、地理学家把古冰碛物认作古泥石流堆积物，作为冰川堆积的证据。散布于山麓地带的"漂砾"和"泥砾"，被作为古冰川的典型堆积而载入文献史册。

老泥石流是指在人类社会历史上曾经发生过而早已停止

了活动。可以在某些山区的非泥石流的沟谷中看到一些残缺的混杂沉积结构台阶。

在人类历史上发生过而现在仍在继续活动的泥石流称为现代泥石流。

建国以来，我国泥石流工作者通过对广大山区的实地考察得知，散布于山麓地带的巨大"泥砾"或"漂砾"，大都与泥石流作用有关。通过近几十年来泥石流痕迹的实地调查以及在云南蒋家沟、西藏古乡沟、甘肃火烧沟、四川黑沙河等十几个定位观测站对现代泥石流的观测表明，泥石流的侵蚀—搬运过程极为快速，往往只有几分钟至几小时就可能完成一次泥石流从突然爆发到停息活动的过程，但却能搬出可达几十万、几百万立方米山外的泥沙、石块和巨砾。巨

泥砾

大"漂砾"个体重量可达几百吨、几千吨甚至上万吨，像航船一样随泥石流体漂浮而下。黏稠的泥石流体包裹着大大小小的石块向山外倾泄，做整体等速运动流动，具有层流运动的特点。停积时，类似搅拌好的混凝土，无水流外溢，仍保持其流动时的结构特征，是典型的"泥砾"堆积；而泥石流搬的巨大"漂砾"，也广为散布在山麓地带。在自然界，除冰川作用能搬"漂砾"外，还有泥石流作用；泥石流搬出的"漂砾"往往成堆、成群地聚集在一起，堆积位置均在远离现代冰碛区的山外低平地带。至于"泥砾"堆积，在现代冰碛物、洪积物、冰水沉积物以及稀性泥石流堆积物中似乎不多见，而在黏性泥石流堆积物中则常有发现。小江河谷两岸，泥石流沟密布，古泥石流遗迹到处可见，现代泥石流层出不穷，为人们研究该地区泥石流的形成演化历史、预测今后的发展趋势，提供了有利的条件。

云南省的小江流域，有明显的古泥石流活动的证据，是中国现代和古代泥石流活动最频繁地区。所以很多著名冰川环境学者对这个地区做了专门的考察、调查、测量和样品分析，对地质历史时期的沉积物特征、古泥石流的分期以及泥石流活动提出了专门论述。

漂际

99

3. 古泥石流的活动

小江河谷古泥石流产生的环境条件和现代泥石流产生的环境条件是相似的。地质构造是控制小江河谷岩性特点、外营力强度和地貌结构的主导因素，同样是控制古今泥石流发生发展的主导因素。小江谷地沿小江深大断裂带展布，该断裂带长达300多千米，呈南北方向，东西两支，东支沿老蒋家沟、绿茂塘、新村向南延伸。西支为主断裂带，沿小清河向西南方向伸展。自晋宁运动以来，小江深大断裂长期处于活动状态。由于经历了多次构造变动，断层和褶皱比比皆是。区域动力变质作用强烈，岩层破碎，坡面风化剥蚀和沟谷侵蚀过程加快。

第四纪以来的新构造运动，加剧了老构造单元的发展和次一级构造单元的形成，使地表物质更加破碎。该地区的板

岩层破碎

页岩，有的形成粒径3～5厘米及7～10厘米的碎屑岩块，有的已被风化变成粉状颗粒，成为泥石流固体物质的主要来源。由于气候湿热、干热交替，粉粒经化学风化进一步形成次生矿物，构成粒径小于0.005毫米的黏粒，该黏粒也是组成泥石流浆体物质的主要成分。流域内的白云岩、灰岩和玄武岩，在构造变动的影响下，节理和裂隙发育，多形成直径50～100厘米以上的大石块，成为本区泥石流巨大漂砾的主要来源。小江是强烈的地震活动区，近200多年来，小江流域六级以上的大地震就曾发生过7次，小地震几乎每年都发生，地震进一步降低了岩层抗滑强度，破坏了山体稳定，导致崩塌、滑坡层出不穷，从而加速了泥石流松散固体物质的积累过程。

　　总体来说，上述构造和岩性特征可视为泥石流形成的内在因素，为古泥石流的形成奠定了基础。然而除了这些内在因素，还需要有外部条件的配合，泥石流才能形成。第四纪初期的早更新世，这里气候温和湿润，降雨丰沛，由周围山地形成的溪流，汇集到当时的新村盆地，巨厚的河流相沙砾层和湖沼相的黏土和草煤沉积层也由此形成，稳定的沉积环境也可反映出来。中更新世时期，气候逐渐发生变化，降雨强度也逐渐增大，溪流迅速发展，流水的侵蚀和挟带能力加强，沉积在第四纪初期的早更新世沉积物上厚约40米的砾石层，从堆积特征分析，这是本区最早出现的泥石流堆积痕迹，类似于稀性泥石流向黏性泥石流过渡的性质。如当时大桥河上游区的清水沟和浑水沟两岸已有岩崩、滑坡产生，这些松散物质，在暴雨激发下转变为泥石流，但当时的沟床条件有限，泥石流流程很短，多在主沟下游沟槽内停积下来。在泥石流停息期间，由于清水冲蚀和构造抬升作用，泥石流堆积物被切开，并黏附于沟床两侧的基岩上，高出现代沟床50米左右，由于形成的时代久远，现已成为坚固的"泥砾"，很多人称此为"冰川泥砾"。晚更新世时期，气候相对稳定，转为正常性的河流冲积作用，沉积物主要为河流相沙砾层或粉砂及亚黏土层，只在局部地区夹有泥石流和洪积相沉积。全新世以来，气候变得干热少雨，汇入新村盆地的沟道，水流慢慢干涸，但与此同时，却出现了雨量增大、暴雨骤发的气候条件，致使湖盆周围以及小江两岸的一些较大的沟谷，在暴雨激发下出现了泥石流活动的第二个高潮，在小江谷地一带和各条沟谷的下游形成了巨厚的洪水沉积物和泥石流堆积物，规模壮观的泥石流堆积扇出现在小江两岸，向人们显示了古泥石流的活动规模和特点。据实地调查，规模壮观的泥石流堆积扇出现在小江两岸，在尖山沟、大桥河、蒋家沟等下游沟段，普遍分布有一层厚度多在70~80米，有的甚至达100米以上的泥沙石块和漂砾的"泥砾"层，这些"泥砾"层和"漂砾"，与现代黏性泥石流的形态特征和堆积结构是一致的。

4. 古泥石流的堆积特征

泥石流堆积，是判别泥石流性质、规模和破坏强度的明显标志，也是泥石流活动的记录。很多地质学家和地理学家常把泥石流堆积物当做冰川沉积物来描述，因为泥石流堆积结构和形态特征往往与其他山麓堆积物（如洪积物或冰碛物）相混淆。

泥石流运动施于沟谷时，沟谷被快速而短暂的侵蚀下切和侧蚀掏挖，形成细窄深长、曲折多跌水的箱形或"V"形槽谷。泥石流的猛烈撞击和磨蚀，使谷壁或被搬运的石块留有碰撞斑痕或擦痕。

和冰川擦痕相比，泥石流擦痕外形较大，痕迹较糙，多为不规则的斑状或纺锤状，擦痕的排列方向无序可寻。堆积形态和结构特征也与冰碛物有很大差异：

首先，泥石流堆积整体呈扇状散开，冰碛物堆积呈垄状或岗丘散布，堆积体的厚度为几米至几十米，顶面较为平坦，前缘及两侧成陡坎，大石块聚集在这部位。

典型的"泥砾"堆积，从剖面结构来看，大小石块被泥浆包裹或填充成一个整体。尽管泥石流搬运距离只有几千米至十几千米，但因其流势迅猛，使得流体与沟床岸壁的接触以及流体内部组成物之间的撞击磨损作用都十分强烈，故泥石流搬运出来的石块具有一定的磨圆度。

在自然界中，诸多泥石流沟都具有黏性泥石流和稀性泥石流交替出现的特点，所以，常常会出现"粗化层"现象，即经过黏性泥石流之后，表层泥浆通常被后来的稀性泥石流或雨水淋洗、洪水稀释，而渗入下部，变成一层粗砾层。反映在剖面上，常在一层粗大石块之下，出现泥浆富集现象。

其次，泥石流堆积物较冰碛物密致坚实，有机质明显增多，在两次间隔时间较久的泥石流堆积层之间夹有古土壤层或腐殖质层。

总之，在冰川区，泥石流的活动范围堆积规模虽小于冰川，但泥石流暴发之突然，搬运之快速，非冰川所能比拟。

我们可以看出泥石流的物质组成、剖面结构往往与冰碛物相似，而泥石流堆积物形成的时间、气候特征及自然地理环境与冰川旺盛时期、冰碛形成时期的气候特征和自然地理环境的不同。我们应该从客观上鉴别泥石流堆积物与其他山麓沉积物的区别。

小江河谷古泥石流堆积体，从目前观察到的剖面来看，主要分布在大桥河、蒋家沟、尖山沟、深沟、小海河、石羊沟的下游和沟口段。由于新构造运动的抬升和流水的下切，已成残留的古泥石流台地。

大桥河古泥石流堆积出现于上游支流清水沟和浑水沟，长约4000米，宽仅50～70米，呈狭带状，高出沟床40～60米的汇合处，向下游展布。

其结构特征是：这层古泥石流结构紧密，泥沙砾和漂砾胶结成整体，边坡陡直如壁，堆积物厚度为70～80米。砾石无分选，有一定的磨圆度，但

玄武岩

大漂砾嵌入其中，剖面中见有大石块富集的"石块透镜体"，这是泥石流堆积的重要标志之一。其中大漂砾多为白云岩、灰岩和玄武岩，粒径0.5～2米以上。粒径

白云岩

0.02～0.2米的碎石和砾石为板岩和千枚岩，其他为颗粒细小的粉砂和黏土成分。

与大桥河毗邻的蒋家沟，古泥石流堆积物高出沟床60～90米，堆积物的剖面大致分为顶部、上部、下部三部分。

其中顶部厚1～2米的土壤层，主要由板岩、千枚岩的细粒物质组成。上部厚约20米的砾石层，岩性为白云岩和板岩，粒径为4～10厘米，砾面定向排列清晰，有层理及砂砾透镜体，未见大漂砾。下部厚40～60米含有漂砾的砾石层，其中7～15厘米粒径的多为板岩和千枚岩，20～30厘米粒径的白云岩，并含有粒径1～5米的大漂砾，无分选，初具磨圆痕迹。

蒋家沟古泥石流的活动、发展和演变过程是由强到弱的。从剖面分析，在蒋家沟泥石流沉积物中，下部为厚层无分选、无层理的泥砾堆积物，夹有大漂砾。从下部向上，颗粒逐渐变小，漂砾减少，并向有一定分选和层理的砂砾堆积过渡。

总的来说，有些地段可见到三层古泥石流堆积物散布在

泥石流防范百科

NiShiLiuFangFanBaiKe

不同高度的支沟沟口或沟内谷坡上，这是因为小江河谷受后期内外营力的影响，古泥石流堆积物保存得不尽完整，有些地段，仅保留有一层或两层厚度在60～100米的古泥石流堆积物。根据对大桥河现代泥石流平均淤积速度的推算，需要300多年才能堆积成这样的厚度。

古泥石流遗迹的研究，在理论上和实践上的意义都是不能低估的。它们对重建古地理环境，鉴别山麓各类松散堆积物的成因类型、沉积环境、成矿作用及工程地质评价，都有重要参考价值。

据研究，泥石流堆积地层主要分布小江两岸海拔1200～1700米四级阶梯状谷坡上，以基座台地形状出现，从上至下分布的四级台地是：上鸡冠石台地；下鸡冠石台地；泥得坪台地；达朵台地。

这表明该时期是一个泥石流十分活跃、泥石流堆积非常旺盛的地质时代，是其中较高的中更新世时期的产物的三级台地。小江流域内的泥石流堆积地层主要为浅黄色—灰色亚黏土、粉沙夹砾石层。砾石大小不一，较大砾石直径可达40～80厘米，但是一般砾径都在3～7厘米，砾石磨圆度较差，大多呈次棱角状或棱角状。层内砾石可见明显的石带构造，几条至数十条具有悬浮分选粒选级递变的现象。这种泥石流堆积地层在小江河谷海拔1200～1700米的高程内广泛发育，说明小江流域中更新世和晚更新世期间，处于一个以泥石流为主的沉积环境之中。

5. 古泥石流活动期的划分

小江流域泥石流活动，根据泥石流堆积体所处的相对高度、地貌部位、形态特征、沉积特点及部分绝对年龄资料，可划分为三期。

第一期：遗迹分布于蒋家沟和新村盆地等地。沉积物大小混杂，有一定磨圆，没有层理，在少数大砾石周围裹着胶泥，表现为"泥包砾"现象，在大桥河表现为高出该河河床40～60米的阶地。在蒋家沟支沟查管沟沟口，这期泥石流基岩侵蚀相对高度高达70～80米。除了沉积物剖面有一定的钙质胶结外，其余特点都与该沟现代泥石流堆积物相似。

这个时期主要为黏性泥石流堆积，最显著的特点是在顶部有一层厚约5米的暗橘红色风化壳发育，下面是灰白色泥石流堆积物，中间有地震断层发育。根据堆积物的特征来判断，此期为中更新世早期，距今已有50万～58万年。中下部为黏性泥石流堆积，胶结较紧，堆积物之下为基岩基座。

此期泥石流的孢粉组合以木本植物花粉占优势。其中松属花粉含量占全部木本花粉的41.86%，此外还有栎属、金钱松属、桤木属及棕榈属、苏铁属、冬青属、桫椤属、胡椒属等一些热带、亚热带常绿植物。草本植物有柳叶菜属、藜属、车前属。蕨类孢子主要有卷柏属、水龙骨科、凤尾蕨属。藻类有环纹藻等。

上述孢粉组合表明了当时本区的湿热生态环境。除了较多数量的常绿阔叶种属，还有相当数量喜湿的藻类和蕨类，

泥石流防范百科

金钱松属植物

手绘新编自然灾害防范百科

Shou Hui Xin Bian Zi Ran Zai Hai Fang Fan Bai Ke

植被已明显呈现垂直分带现象，表现当时是湿热的气候环境。但因地势高度差不大，可能基带为亚热带常绿阔叶林，其上为温带针阔混交林。

第二期：此期泥石流规模最大、最活跃。以深沟剖面、泥得坪最为典型。此时本区已出现焚风效应，干热河谷带开始形成。其中，深沟的这期泥石流堆积量最显著的特征是：顶部有一层厚3～5米的钙质胶结砾岩。它可以作为这个地区这期泥石流堆积体的标志层。

此期泥石流堆积体厚约30米。在泥得坪此期堆积物厚度在100米以上，表层无钙质砾岩。此期泥石流为晚更新世早期，在17000～11000年间。

此期孢粉组合由80.00%的木本植物花粉，11.47%的草木花粉，4.73％的其他花粉组成。木本植物中裸子植物松科花粉含量可高达82.44％，包括雪松属、罗汉松属、柏属、落叶松属和金钱松属等。阔叶乔木花粉含量也比较高，包括槭属和栎属。其次是热带、亚热带常绿植物，包括棕榈属、冬青属、桤木属、桃金娘属、夹竹桃科、豆科等。草本植物花

冬青属植物

粉中藜属含量较高，还有蒿属、蓼科等，蕨类孢子以水龙骨属为主，卷柏属较多，个别出现粉背蕨属和里白属孢子。这期草木植物花粉较多，也可能表示晚更新世早期，已有焚风效应。

第三期：堆积物广布于小江中游、下游河谷。以蒋家沟支沟大凹子沟的扇形地形态最为完整。此期泥石流从堆积物

水龙骨属植物

特征判断，为黏性泥石流类型，平均厚度为20米左右。

孢粉组合由75.69%的木本植被，16.4%的草本，7.91%的蕨类孢子组成。木本植物有松属、苏铁属、寻松属、油杉属、银杉属、桤木属、桦属、柳属等。热带、亚热带木本植物有山龙眼、桃金娘、甜储等，孢子有水龙骨、瘤足蕨、珠蕨。此外还有水生植物环纹藻和狐尾藻等。根据组合中有喜暖的银杉属、油杉属、水生藻类的出现，可以推断当时泥石流形成区为温暖湿润气候。

以上是对小江流域泥石流的初步划分。从各期泥石流剖面中有多层泥炭或冲积层来看，有的发育期还可以更加详细地划分为时间尺度更短的泥石流发育阶段。此外，中更新世以来，由于本区上升侵蚀等原因，有些期的泥石流堆积未保留下来，或者在考察过程中未被发现，从而造成一些泥石流期被遗漏，需要以后进一步深入调查研究，并加以补充。

6. 泥石流快速的塑造作用

泥石流同风、雪崩、冰川、水流、海底浊流一样，都属于一种动力地质作用，都是一种短暂的、快速的动力地质过程，如出现在世界各国山区，特别是半干旱山区小流域中的泥石流现象。从几年到几十年，几分钟到几小时时间，可使局部地表发生沧桑巨变，形成人们难以相信的地貌形态。下面我们来看一个实例。

实例：四川省南坪县的关庙沟，流域面积14.2平方千米。关庙沟是一条老泥石流沟。100多年前，曾暴发过一次灾害性泥石流，迫使县城迁址。后来这条沟一直没有发生泥石流，县城的部分居民又把建筑修在了沟口。1984年7月18日，这条平静的山沟，却在一场强暴雨的作用下，发生了三次泥石流，其容重高达2.09～2.23吨/立方米，波头有3米，流速在10米/秒左右。这次泥石流破坏了大量的公共建筑，有25人丧生。在泥石流强烈的动力冲刷作用下，河道被刷深2～3米，加宽3～5米。挟运着大量漂石泥沙的泥石流体从沟道涌出沟口以下的冲积扇，使下游冲积扇和沟道发生了巨变。

调查表明，这次泥石流在长900米的河道左岸堆积宽为40～60米，厚一米的泥石长堤，其淤积量有6.8万立方米。在

泥石流防范百科
NiShiLiuFangFanBaiKe

下游的淤积面积0.155平方千米，约21.8立方米泥石体物质。冲积扇上有很多漂石落淤，漂石直径从冲积扇的上部到下部逐渐减少。这说明泥石流动力条件随泥石流向下因坡度的降低而逐渐减小。研究人员对泥石流体沉积物和大漂石落淤进行了详细的调查，说明泥石流在冲积上沉积没有分选特征。

7. 泥石流的磨光面和擦痕

地质历史上遗留下来很多关于地壳内外营力的证据，其中之一是擦痕。它既存在于构造断裂运动的断层壁上，又存在于各种外力过程的遗留物上。其中冰川擦痕是鉴定这类沉积物的重要指标。多数冰川和泥石流研究者对泥石流是否有擦痕存在，给予了肯定的看法。为了使上述看法受到更多的支持，泥石流研究专家在云南东川蒋家沟找到了现代泥石流的动力磨光面和擦痕。泥石流磨光面和擦痕是泥石流动力作用的产物。我们知道，泥石流的流速较快，一般都在每秒几米至十余米，呈波状运动，波头紊动强烈，流体中的泥沙石块除了对岸壁有强大的冲击作用外，还存在着刻蚀作用和动力磨蚀，因此它能在泥石流沟岸的基岩壁上形成动力擦痕和磨光面，并且一些大漂石的表面也发现过类似的痕迹。

泥石流是由黏土到砾石的一系列固体物质组成黏稠流体。它的磨光面是指泥石流在河床中流动时，会对坚硬微密的岩石沟岸，如细砂轮般打磨得光光的。磨光面上有时会留下泥石流携带的漂砾撞击的斑痕或擦痕。

泥石流运动的速度一般多在几米至十几米。流体中的泥沙石块对岸壁除了具有强大动力冲击作用外，同时还存在着动力磨蚀和刻蚀作用。它能在沟岸的基岩壁上形成动力擦痕和磨光面。泥石流的擦痕又有哪些特征呢？我们分别来介绍。

泥石流擦痕长，但细而浅。泥石流擦痕是由于快速动力磨擦而产生的。在蒋家沟的这组擦痕，一般长40～80毫米，宽2～3毫米，深1～2毫米。

在泥石流擦痕方向大致同流体运动方向一致的情况下，每个擦痕方向都与流体中造成擦痕的那个石块的运动轨迹相一致。

泥石流擦痕为细而长的条带状，表现得十分均匀。

在一条泥石流擦痕中，如果出现断续现象，反映了泥石流对岸壁不稳的快速运动留下的痕迹。

泥石流擦痕同冰川擦痕的比较：

第一，泥石流同冰川作用有相同的地方，都能搬动巨砾，并形成巨厚的堆积层，泥石流作用同冰碛物类似。但在这些沉积物中，冰碛物中每一个条痕石上的擦痕数量和条痕石的数量都比泥石流要多。为什么形成这一情况呢？这是因为在黏性泥石流体中的粗砾表面上有一层黏稠的泥浆，它们之间的碰撞和接触将受到泥浆液润滑和减阻而减弱了它们的作用，不易形成擦痕。因此冰碛物中的擦痕现象是常见和普遍的，而在泥石流沉积物中却是罕见的。

第二，冰川条痕石上的擦痕组，常存于一个或两个以上的磨平面上，称为擦面条痕石，而泥石流仅有一些零星单独的擦痕。

泥石流强烈的冲撞作用，不仅毁坏坚固的建筑物桥梁、墩台、路轨，而且斑迹还遗留在坚硬漂砾上，我们称为撞击斑。撞击斑是区别于第四纪冰碛物的重要指标，也是遗留在泥石流沉积物中的重要标志。

8. 泥石流沟谷的演变

泥石流流域源头的侵蚀沟演变，类似于一般的山区小流域的作用过程，它们主要是由降雨径流侵蚀作用而引起的侵蚀冲沟的发育。其侵蚀沟的发育可由细沟、纹沟、冲沟和切沟组成。

泥石流的下蚀作用主要通过流域的中上部位的沟谷变化来体现。在泥石流暴发频繁、活动强烈的流域内，虽然流水作用也参与了侵蚀沟槽的形成过程，但水流的侵蚀速度与规模远远赶不上泥石流的侵蚀作用。因此，在典型的经常发生泥石流流域内，侵蚀沟槽可以视为由泥石流的下蚀作用形成的。

泥石流的沟道冲淤幅度大、速度快，是一般多沙性河流无法比拟的。泥石流沟道变化，主要受控于泥石流冲淤过程，而泥石流冲淤作用又受到泥石流性质、沟谷地形、泥石流的动力作用、泥石流大小以及局部地形的影响。所以研究泥石流沟道的演化过程中是一个非常复杂的问题，要以长期的测量资料为基础，才能分析出它的基本变化规律。下面重点列举几个典型泥石流沟谷的变化，来分析它的年际变化、年内变化和一次泥石流过程的变化。

（1）泥石流沟谷的年际变化。

泥石流沟谷的年际变化，既有自己独特的周期性活动规律影响因素，又有相互依托和影响的内在联系。对这些规律和关系的认识，由于观测资料受到数量和时间限制，很难得出一个正确的认识。现在就以我国观测最早的西藏古乡沟和云南东川蒋家沟为例，来分析它们的沟谷的年际变化。

西藏古乡沟，由东向西共有6条支沟，侵蚀基准绝大部分为古冰碛台地，除主沟长达2.9千米外，其余长度均在1000米左右，是一条发育不久的年青泥石流沟道。根据历史勘测资料，以主沟谷为代表，分析其沟床变化规律。分析结果如下：1950～1973年，属于古乡沟早期，侵蚀十分强烈，1973～1994年，属于后期侵蚀逐渐减弱，目前沟床已下切到坚硬的基岩，沟谷的发展受到很好的控制。

蒋家沟是一个典型黏性泥石流流域，由于沟道位于不同的地貌部位和海拔高度，因此有明显的侵蚀区、过渡区和堆积区，无论在哪个区，都是有冲有淤的。从长时间来看，侵蚀区主要以冲为主，总趋势是沟床下切，过渡区冲淤基本平衡，堆积区主要以淤为主，总趋势是沟床淤高。蒋家沟沟长11千米，多照沟和门前沟是该流域的两大支流，它们汇口处

蒋家沟

正好是蒋家沟冲淤变化的分界处，在该汇合口上下，泥石流冲於基本平衡。1957～1973年这段时期，距沟口9000米的沟道下切了44米，年平均下切2.7米。

（2）泥石流沟谷的年内变化。

泥石流沟谷受到每次泥石流的影响，称为泥石流沟谷的年内变化。由于蒋家沟每年暴发泥石流平均数在15次左右，是一个天然实验场地，我们可以在此测量它的年内变化。根据泥石流研究人员在蒋家沟多年观测研究发现，一次泥石流可刷深河床2～3米，有时高度达5米以上。从前面了解到，泥石流这种冲淤幅度很大的情况受到许多因素的控制，目前很

手绘新编自然灾害防范百科

难找到各种因素影响冲淤变化的定量指标。

泥石流一年中会有时冲时淤的幅度变化，是因为受到泥石流性质的影响，每次泥石流黏稠的程度，即容重大小变化、沟谷顺畅情况，以及下游沟通的淤积情况，都是影响该断面处沟谷变化大小的原因。

（3）一次泥石流过程中的沟谷冲淤变化。

通过超声波泥位计测泥石流过程中的沟谷冲淤变化。在一次泥石流过程中，基本上是冲刷形成的有前期洪水、稀性泥石流、后期稀性泥石流和洪水对沟谷。黏性连续流是冲刷的，黏性阵流是淤积的。

黏性泥石流的阵流过程是以沟谷淤积为主的过程。

通过1985～1986年9次完整的黏性阵流观测，发现几乎所有的阵流都是淤积的，因此称之为黏附层。

在初期阶段，黏性泥石流阵流在沟床上的黏附加厚速度很快，其黏附过程为开始急剧上升，接下来有一小段缓慢上升的过程。在相对时间为40%～50%的位置，黏附层达到最大厚度，并保持着这个位置，直到黏性阵流结束。

据初步分析，在黏附加厚淤积阶段，泥石流体性质和沟床纵坡影响着每阵之间的黏附层厚度。

连续黏性泥石流是以沟谷的强烈侵蚀为主的过程。

连续黏性泥石流和黏性阵流的容重差不多，为2.1～2.25吨／立方米。但是黏性阵流和黏性连续流对沟床的作用确会产生两种结果。其中最主要的原因是黏性阵流的流速远

泥石流防范百科

远小于黏性连续流。一般来说，黏性阵流的流速在6～8米／秒之间，而黏性连续流的流速则高达8米／秒以上，高流速必然对松散河床产生强烈的冲刷。阵流龙头高陡，流速快，对河床冲刷侵蚀作用强，而龙头后泥深和流速逐渐变小，最后减小到临界流速，其尾部的薄层泥石流体发生整体停积。因此，黏性阵流一般保持头冲尾淤，而黏性连续流始终保持高流速运动，一直对河床保持侵蚀作用，直到坚硬床面为止。

二、泥石流的危害及预防

（一）泥石流的危害

泥石流的特点是暴发突然、来势凶猛、非常迅速并且具有崩塌、洪水破坏的双重作用，其危害程度比单一的崩塌、洪水的危害更为广泛和严重。

泥石流密度高，流速快（可达每秒数十米），可携带巨大的石块，因此在重力作用下，巨大的势能变成强大的动能，造成极大的破坏力。

1. 泥石流危害的表现

泥石流的特征决定了泥石流的危害方式主要有两种：冲刷和淤埋。它对人类的危害具体表现在：

（1）对居民点的危害。

泥石流是最常见的自然危害之一，暴发时常常会冲进城镇、乡村、工厂，摧毁房屋、企事业单位及其他场所设施。

毁坏土地，淹没人畜，有时甚至会造成村毁人亡的灾难。1969年8月，云南省大盈江流城弄璋区南拱泥石流，毁坏了老章金、新章金两村，共有97人丧生，造成经济损失近百万元。2001年7月29日晚，中度台风"桃芝"从台湾东部登陆后，连日的狂风暴雨致使花莲、南投等台湾东、中部县、市遭受严重的山洪、泥石流灾害，土石横流，堤坝溃决，民宅及农田被冲毁。这次灾害导致全台湾共有91人死亡，133人失踪，189人受伤，造成的农业损失超过60亿元新台币。花莲县光复乡大兴村惨遭灭村之灾，整个村子都被土石掩埋，村内看不到一间像样的房舍，一杨姓家族共有10人全部被这次灾难夺去了生命。

（2）对铁路、公路的危害。

泥石流可直接埋没车站、公路、铁路，摧毁桥涵、路基

泥石流毁坏公路

等设施，致使交通中断，还可引起正在运行的汽车、火车颠覆，造成重大的人身伤亡事故。有时泥石流汇入河道，引起河道大幅度变迁，间接毁坏铁路、公路及其他构筑物，甚至迫使道路改线，造成巨大的经济损失。建国以来，泥石流给我国公路和铁路造成了不可估量的损失。

（3）对水电、水利工程的危害。

这类危害主要是冲毁引水渠道、水电站及过沟建筑物，淤埋水电站尾水渠，并磨蚀坝面、淤积水库等。

（4）对矿山的危害。

这类危害主要是摧毁矿山及其设施，伤害矿山人员，淤埋矿山坑道，造成矿山停产，甚至使矿山报废。

我国西部山区的大部分矿山存在着不同程度的泥石流威胁或危害。经常发生淤埋矿区、毁坏矿井的现象，导致某些矿产开采比较困难，浪费或破坏了大量的矿产资源。贵州的六盘水煤矿、四川的攀枝花铁矿、云南的东川铜矿和新建的神府—东胜煤田均有大量的泥石流活动，严重威胁或危害着矿产的开采和矿区的安全。

（5）泥石流对农田的危害。

泥石流活动过程中，因支沟泥石流的活动，使泥石流沟中上游的土地遭到严重破坏，耕地成为侵蚀劣地。泥石流是造成土地侵蚀荒漠化的主要营力之一，下游和土地（包括耕地）遭到泥石流淤埋，就成为砂砾滩。

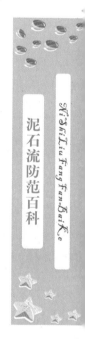

（6）泥石流对江河的危害。

黄河、长江日益突出的江河泥沙灾害与泥石流活动密切相关。长江三峡以上的泥沙，特别是粗颗粒泥沙，主要起源于流域内的6800条泥石流沟。无论是嘉陵江、金沙江还是岷江，很大一部分泥沙来自泥石流活动区，这些江河经过泥石流活动区后，含沙量通常急骤增加。黄河的泥沙主要来自黄土高原，黄土高原的陕北、晋西、陇西和陇东四个泥石流活动区，正是黄河泥沙的主要供给区。因此近年来，日益明显的"小水大灾"在珠江、长江、淮河均有发生。即洪峰流量相对的比较小，但洪水水位很高，洪水灾害严重。导致这种情况的原因很多，但主要原因是江道淤积。另一种情况是"枯水流量锐减，甚至断流"，近年来，黄河经常出现这种现象，西部山区许多中小型河流，这种现象也比较明显。当然其因素也很多，但主要是河床淤积展宽，流域生态环境恶化造成的。因此，泥石流的危害，通过其输入江河的泥沙，伸展到平原地区，对平原区的可持续发展也造成一定的影响。

（7）泥石流对环境的影响。

泥石流对山区的村寨、城镇、交通、农田、工矿等造成严重危害，不但使人类的生存和发展环境受到直接影响，而且还影响到矿产、土地、森林和淡水等资源的保护和利用。同时，泥石流把大量泥沙输入江河，加剧了江河的泥沙灾害，把泥石流危害延伸到平原。因此对于泥石流的危害，不仅要调查与研究直接受害对象，而且要高度重视其对周围环

境产生的消极影响。泥石流灾害越是严重的地区，这里的地质环境、自然环境和生态环境也越是恶劣。例如，云南小江流域，在200～300年以前，这里是森林葱郁、山青水秀的好地方，但经过几个时代自然环境遭到了开矿、伐薪炼铜、开垦荒地等的破坏，再加上松动薄弱的地质岩性条件，泥石流开始发生，到现在已发展成我国甚至世界上自然环境、地质环境和生态环境最恶劣的地区。

2. 暴雨引发的山洪和泥石流

如果河流是常年流水的话，那么暴雨引起的就是一种暂时的或季节性的地面流水。不管在气候干旱（年降雨量300～600毫米）的北方还是多雨的南方（年降雨量可达2000～3000毫米），都有这样的现象：7、8、9三个月集中了70%～80%的降雨量。在南方的许多地区，干季和雨季的划分就是由这种降雨方式决定的。

一旦暴雨发生，山间的各种低地都会成为集水区，山洪也由此迅速汇集。山洪流速快，水量大，常裹带大量石块和泥沙，一旦暴发，就会带来冲垮公路、铁路、桥，毁坏村庄建筑等灾难性结果。当其流到山涧出口处或冲沟时，地势突然开阔平坦，水流速度很快降低并在沟口外水流四向分散，其携带的石块泥沙堆积下来，称为洪积物。根据洪积物的形状可以分为洪积锥和洪积扇。洪积锥是指洪积物呈上尖下圆的锥形。如果锥面的坡度比较缓，就称洪积扇，自扇根到扇缘，沉积物自粗大的石块变为亚黏土和粉砂。若干个相邻的洪积扇扩大相连成为围绕山脚的洪积裙，进一步发展，就会成为微向山外倾斜的洪积平原。

泥石流在某些方面与山洪相似，如其成因、流经的三个区段等。不同的是泥石流中石块等固体物质的体积含量大于15%，因而多见于南方。泥石流的前峰是一股高密度的浓浊洪流，其中泥沙、石块等的含量高达60%～80%，形成高达几米甚至十几米的"龙头"倾泻而下。泥石流的能量很大，甚至可以轻易带走直径大于两米的石块（重数吨至十几吨），小一点的石块也在泥石流内连翻带滚。泥石流中石块不仅互相撞击，而且它们对沟底和两侧的岩石也不断的进行撞击，发出巨大的轰鸣，犹如万马奔腾，方圆数平方千米内均可闻及。如果泥石流暴发时你站在高坡上，就能很容易的体会到什么叫"惊心动魄"、"惊天地泣鬼神"。雷鸣电闪，头上是乌云翻滚，大雨滂沱，脚下是黑浪滚滚，龙腾蛟跃，泥石流呼啸而过，好一番可怕的景象！

泥石流暴发突然，历时短暂，几十分钟里可以搬运几十万甚至数百万立方米的固体物质，成百上千吨巨石也被包括其中。其危害性和破坏性比山洪更严重，可以吞噬掉它前进路上遇到的任何东西，真可谓"逆我者亡"了。泥石流通过狭窄的沟谷后堆积下来，被称为泥石流扇，但分选性和泥石流本身比更差，大小混杂，石块叠置的形态也比较奇特。

砍伐森林

近40年里，由于砍伐森林和烧山开荒等不恰当活动，导致植被破坏，水土流失严重，山洪和泥石流已经到了不可等闲视之的地步了。真希望黄土高坡上的人们提出的"土不下坡，泥不出沟"的口号早日成为现实！

3. 关于泥石流的几个常识

（1）泥石流的预兆。

在山区，连续地强降水，会导致山体松动。土壤被暴雨浸泡后，会变得松软，当土壤饱和度达到临界点时，泥石流就会发生。

连续性强降水期间，如果附近再发生轻微的小地震，就有可能引发泥石流。

河流水势突然加大或突然断流，并夹杂着较多树枝、杂草；

沟内或深谷传来类似闷雷或火车轰鸣般的声音；

沟谷深处忽然变得昏暗，并伴随着轻微的震动感。

峡谷地区和地震火山多发区是泥石流的多发区，在暴雨期具有群发性。作为山区最严重的自然灾害，泥石流一般瞬间暴发，我国不少山区常有泥石流发生。

（2）泥石流易发生在哪些季节。

我国泥石流的暴发主要因连续降雨、暴雨和特大暴雨等集中降雨而诱发。其发生的时间与集中降雨时间相一致，季节性十分明显。

西南地区，如云南、四川等地的降雨多集中在6～9月，泥石流也大多发生在6～9月。

西北地区降雨多集中在6～8月，特别是7、8两个月，泥石流也多数发生在7、8月。在泥石流易发季节，防灾减灾工作非常重要。

（3）泥石流灾害多发区建房有哪些要求。

在泥石流灾害多的地区，不要将房屋建在沟口、沟道上，安全的居住环境才是降低泥石流灾害的最好办法。

泥石流多发区的居民，要将占据沟道的房屋搬迁到安全地带。

应在沟道两侧大面积植树并修筑防护堤，防止泥石流溢出沟道造成危害。

（4）泥石流多发区为何应保持冲沟通畅。

在雨季到来之前，泥石流多发区应做好清除沟道中障碍物，保持冲沟通畅的工作。居民千万记住，不要把冲沟当成堆放垃圾的地方。

若在冲沟中堆放垃圾、弃土、堆石，会为泥石流提供固体资源，加强泥石流的活动。垃圾堆积成坝后，泥石流会溢向两岸，会造成巨大的经济损失和人员伤亡。

（5）诱发泥石流的因素。

第一，水源是诱发泥石流的重要因素。

什么样的水源和地形是诱发泥石流的重要因素呢？强烈而且频繁的地震，导致岩体破碎、山体失去稳定性；地质因素表现巨大的构造断裂带，复杂的老构造，而新构造差异运动幅度大；固体物质松散，而且储量大；暴雨地带的气候特点，为泥石流提供了充足的水源；高山冰川的消融与积累给强烈雪崩、冰崩提供了水源和动力。

第二，人类不合理的经济活动是诱发泥石流因素之一。

随着工农业生产的发展，人类开发利用自然资源的程度和规模也在不断发展。如果人类的经济活动违背大自然的规律，必然会得到大自然相应的报复。人类不合理的开发会造成一些泥石流的发生。近年来，人为因素诱发的泥石流数量呈不断增加的趋势。可能诱发泥石流的人类工程经济活动主要有以下三个方面：

冰崩

第一方面：不合理的弃土、弃渣、采石。

由此形成的泥石流的事例很多。如四川省冕宁县泸沽铁矿汉罗沟，由于弃土、矿渣的不合理堆放，1972年一场大雨暴发了矿山泥石流，冲出约10万立方米的松散固体物质，淤埋成昆铁路300米和喜（德）—西（昌）公路250米，行车被迫中断，给交通运输造成的损失非常严重。

第二方面：不合理开挖。

修建公路、铁路、水渠以及其他工程建筑的不合理开挖。在修建公路、水渠、铁路以及其他建筑活动的过程中，由于破坏了山坡表面而形成泥石流。如云南省东川至昆明公路的老干沟，因修水渠及公路，使山体破坏，加之1966年犀牛山地震又形成滑坡、崩塌，致使泥石流更加严重。又如香港多年来修建了许多大型工程和地面建筑，为了获得合适的建筑场地，几乎每个工程都要劈山填海或填方。1972年一次暴雨，引发了泥石流，造成120人死于正在施工的挖掘工程现场。

第三方面：滥伐乱垦。

滥伐乱垦会使植被消失，山坡失去保护、冲沟发育、土体疏松，水体流失大大加重，同时也破坏了山坡的稳定性，造成崩塌、滑坡等不良地质现象的发育，泥石流也就由此产生。如甘川公路石坳子沟山上大耳头，原是森林区，因毁林开荒，1976年发生泥石流毁坏了下游公路、村庄，造成人民生命财产的严重损失。形成"山上开亩荒，山下冲个光"的荒凉景象。

4. 泥石流活动规律

泥石流活动总体上具有一定周期性，并且活动周期长短依自然条件不同而不同。例如，北京山区平均约五年发生一次泥石流，云南小江流域每年都出现泥石流。

泥石流具有群发性。由于暴雨具有一定的空间分布，因此，一次暴雨就可造成数十甚至上百条沟出现泥石流。在群发特点的作用下，泥石流容易造成大面积灾害，损失非常严重。鉴于泥石流暴发时具有历时短、成灾快、突发性极强的特点，由此造成的危害性也就极大，是最严重的灾害种类之一。泥石流预测与预防难度较大，特别是泥石流低频地区，人们难以掌握其活动规律，对其进行预报就比较困难，因此对其的预防与治理也就不予重视。

泥石流主要危害村庄、城镇，阻碍与破坏通讯和交通，危害农田林地与各种水利工程，对经济建设和人民生命财产危害极大。

5. 泥石流发生过程中的特有现象

泥石流不同于一般洪水，它是水与泥砂石块相混合的流动体，由于含有大量固体碎屑物，其运动过程产生巨大动能，并且常有一些特有的现象：

（1）巨大的轰鸣声与短暂的断流现象。

很多泥石流在开始暴发的时候，常常从沟内传出犹如火车轰鸣或者是响雷的声音，地面也随之轻微地震动，震动有时在响声之前原在沟槽中流动的水体还会突然出现片刻的断流现象。泥石流伴随着响声的增大，似狼烟扑滚而来。所以，出现响声、断流等现象往往是泥石流发生的预告。

（2）强劲的冲刷、刨刮与侧蚀。

在沟谷的中上游段泥石流具有强烈的铲刮沟道底床、冲刷的作用，常使沟床基底裸露，岸坡垮塌。另外，在中下游段对河岸阶地具有侧蚀掏刷作用，破坏岸边沿线的道路交通、水利工程、农田及建筑物。

（3）弯道超高与遇障爬高。

泥石流运动时直进性很强，它不会顺沟谷平稳下泄，在河道拐弯处或遇到明显的阻挡物时，泥石流总是直接冲撞河岸凹侧或阻碍物。由于受阻，泥石流体被迫向上空抛起，可达几米甚至十几米的冲击高度。有时泥石流龙头可越过障碍物，越岸摧毁各种目标。例如，1991年6月10日北京密云县杨树沟泥石流就是在弯道处以20余米的冲击高度越过阻挡其前进的小土梁，将小土梁另一侧房屋摧毁。

（4）巨大的撞击、磨蚀现象。

快速运动着的泥石流动能大、冲击力强，据研究测定，砾径1米的大石块以5米/秒的速度运动时，可达140吨的冲击力。一些工程就在泥石流中的大量泥砂不断磨蚀工程设施表面的过程中，丧失其应有的作用而报废。

（5）严重的淤埋、堵塞现象。

在沟内及沟口的宽缓地带，随着地形纵坡度减小，泥石流流速会骤然下降，大量泥沙石块停积下来，堆积堵塞一些现有目标，如河道、农田、道路、水库、建筑物等。一些大规模泥石流的冲出物质在河道堆堵可构成临时性的"小水库"，致使上游水位抬高。当这种堵坝溃决后，又会形成洪水泥石流，对下游造成再次危害。例如，我国四川利子依达沟泥石流冲出山口，毁桥覆车后又在几分钟内将大渡河拦腰堵截，断流达4小时之久，向上游回水5千米，淹没工矿设施等。

（6）阵流现象。

阵流现象主要发生在黏性泥石流中。从泥石流开始到泥石流结束，沿途多次出现泥石流洪峰（泥石流龙头），每次洪峰（龙头）出现的间隔时间长短不一。

减轻或避防泥石流的工程措施主要有：

跨越工程——是指修建桥梁、涵洞。这种措施常用于铁道和公路交通部门用来保障交通安全。其方法是将建筑工程从泥石流沟的上方跨越通过，让泥石流在其下方排泄，用以避防泥石流。

穿过工程——指修隧道、明硐或渡槽，这也是铁路和公路通过泥石流地区的又一主要工程形式。即从泥石流的下方通过，让泥石流从其上方排泄。

防护工程——是指对泥石流集中的山区变迁型河流的沿河线路以及泥石流地区的路基、隧道和桥梁，或其他主要工程措施，建设一定的防护建筑物，来抵御或消除泥石流对主

跨越工程修建桥梁

体建筑物的冲击、冲刷、淤埋和侧蚀等危害。防护工程主要有挡墙、护坡和顺坝等。

排导工程——其作用是改善泥石流流势，使桥梁等建筑物的排泄能力增大，让泥石流按设计意图顺利排泄。排导工程包括急流槽、导流堤和束流堤等。

拦挡工程——主要是拦挡泥石流的流量、下泄量，有效控制泥石流的固体物质和暴雨、洪水的径流，以起到削减泥石流的能量，减少其对下游建筑工程的撞击、冲刷和淤埋等危害，保护建筑工程的作用。其中拦挡措施有截洪工程、拦渣坝、支挡工程、储淤场等。

以上这些措施并不是单一使用的，往往采用多种措施结合的方法，达到更好的效果。

（二）泥石流灾害预防

灾害发生时，虽然要尽快逃离，但也要注意观测，不能盲目，而且要及时通知邻居，使更多的人免遭厄运。那么在发生泥石流灾害时，我们应如何避免泥石流造成的伤害呢？泥石流的暴发一般具有突发性，而且持续时间很短，几分钟就会结束，时间长的也就一两个小时。由于泥石流的准确预测很不容易，容易造成较大伤亡，在没有做出预报的情况下，如何在遭遇泥石流后正确逃生就显得尤其重要。只有在遵循泥石流的形成、活动规律的基础上，掌握其发生过程中的特有现象才能采取正确的应急措施。

1. 正确判断泥石流的发生

对泥石流现象的发生，除了根据当地降雨情况来估测其可能性外，一些特有的现象也可以作为我们判断泥石流发生的标准，掌握了这些，才能采取快速、正确的自救方法。

例如，发现河（沟）床中本来正常流水流量增大，且夹有较多的柴草、树木，或者忽然断流，根据这些都可以确认河（沟）上游已形成泥石流。

假如听到来自深谷或沟内的类似火车轰鸣声或闷雷式的声音时，千万不要掉以轻心，因为即使是极微弱的声音，也足以认定上游泥石流正在形成。若沟谷深处变得昏暗，伴随着轰鸣声且有轻微的震动感，则说明沟谷上游已发生泥石流，要迅速离开危险地段。

2. 减轻泥石流灾害的方法

减轻泥石流灾害的措施可分为两种：非应急性措施和应急性措施。

（1）非应急性的措施。

避让措施：在泥石流发育分布区，首先要查明泥石流沟谷及其危害状况，才能对工矿、村镇、公路、铁路、水库、桥梁进行选址，对旅游进行开发，尽量避开可能造成直接危害的区域和地段（如泥石流沟的中、上游段及沟口，河道弯道外侧，主支沟交汇地区的低平处，靠近河床的低缓阶地或坡脚处等）。若是实在无法避开，应修建防护工程或采取其

防护工程

他措施。

生物措施：这是最应该提倡的方法，这种方法也是一种长期的有助于减缓泥石流形成的措施。前面我们提到生态环境好可以减少泥石流的发生，即使发生了也能达到减轻危害的目的。主要方法是退耕还林、封山育林、固结表土、保持水土。

工程设施：以顺坝、挡墙、护坡、丁坝来取得防护、排导、拦挡及跨越等功效的工程建设，主要是为保护危害对象免遭破坏。例如，急流槽、排泄沟、渡槽和导流堤等工程的建设可以改善泥石流的流向与流速，修建的储淤场、拦砂坝、截流工程等是为了控制拦截下泄物，削减泥石流冲击

截流工程

能量。

综合防治措施：所谓综合，是指用多措施相结合的方法来对小流域的泥石流进行全面统一的治理，以达到灾害发生的有效预防和减少。

开展泥石流的预测预报工作：这是需从时间、空间两方面同时入手的一种措施。空间上是指对泥石流发育程度和规模进行危险区域的划分。危险区域可按照地质、地貌、降雨等条件划分出高度危险、中等危险和一般危险区三个层次。时间上则分为短历时预报和中长期历时预报。

（2）应急性措施。

每年7月至8月是泥石流易发时段，要采取相应的泥石流应急避防措施。首先要避开泥石流危险地，在泥石流发育地区做好泥石流到来之前的防范措施，并采取必要的避险行动，如进行搬迁、建立防护措施等。除此而外，还要提前做好应急部署，对一些尚未受泥石流严重威胁的工矿、学校、村镇做好防范工作。主要包括：

普及泥石流知识：对泥石流的相关知识要及时到位的普及，并在汛期有组织、有纪律地进行演习训练，使人们遇到灾情时可以临危不乱，将所学运用到实际中，避免人员伤亡。例如，北京的北山是泥石流易发区域，当地政府根据当地实际情况总结了一套泥石流应急防范措施及方法——三包四落实。其中包村、包队、包户到人为三包。一旦泥石流发生，泥石流的安全工作即由从乡领导开始逐一向下负责，特别是老、弱、病、残、幼、妇的安全均有人负责。

预防为主：泥石多发生在夏汛暴雨期间，而在这期间，也是人们选择去山区狭谷游玩避暑的最佳时间。因此，在这个时间选择进入山区沟谷游玩的人们一定要事先收听当地天气预报，若近期连续阴雨天，或是有强降雨出现，则不要进入山谷旅游，以免遇到泥石流等危害。

选择附近安全的地带修建临时避险棚：如较高的基岩台地，低缓山梁上等都可作为选择的地点，切忌建在沟床岸边、台地及坡脚、较低的阶地、下游河道拐弯的凸岸或凹岸端边缘。

由于泥石流常滞后大雨发生，因此长时间降雨或暴雨渐小后或刚停，不应马上返回危险区。例如，1991年6月10日北京密云县降雨一天，晚8时许雨停，口门村的部分村民返转回家，可就在这时，泥石流突然来临，袭击村子，造成五人丧生。另外，一些黏性泥石流具有阵流特点，每阵之间的间隙经常会被误认为是泥石流险情已过，若这时放松警惕，很可能造成损失，所以应当密切注意。总之，当遭遇泥石流时，应谨慎而行，待完全确认泥石流不会发生或泥石流已全部结束时才能解除警报，返回家园。

不可存在侥幸心理：在白天降雨量较多的情况下，到了晚上或夜间绝对不能掉以轻心，必须密切注意降雨和泥石流前兆，随时做好转移的准备，最好是提前转移，不能存在侥幸心理在室内就寝，蒙头大睡。

避免泥石流引发的次生灾害：例如，泥石流携带的固体物质容易堵塞河道，堵坝致使上游形成堰塞状态，这个时候就应尽快采取毁"坝"措施，疏通河道，使上游囤积的水下泻，避免次生洪水灾害。对于上、下游受到泥石流威胁的地区要做好防灾避险。危险地段的公路、铁路和桥梁，应采取限制车辆通行的措施，以免洪水倾泻和泥石流暴发淹没和掩埋交通通道，造成车辆被颠覆和人员伤亡。

采取正确的逃逸方法：和滑坡、山崩、地震不同，泥石流是流动的，其冲击强度和搬运能力非常大，所以，当处于泥石流区时，不能沿沟向上或向下跑，要向离开沟道、河谷地带的两侧山坡上跑，但注意千万不要停留在土质松软、土体不稳定的斜坡上，应选择基底稳固又较为平缓的地方，以免斜坡失稳下滑。另外，不要觉得树上是最好的躲避点，泥石流不是洪水，它比洪水的破坏力更加强大，所到之处，沿途一切皆不可幸免，树木很容易就被卷入洪流中。除此之外，河（沟）道弯曲的凹岸和地方狭小高度又低的凸岸也是很危险的，因为泥石流还有很强的掏刷能力及直进性，这些地方很可能引发泥石流的"贪婪"，使人陷入绝境，所以一定要避开。

3. 泥石流灾害预防措施

（1）在沟口和沟道上不要建造房屋。

受自然条件限制，山麓扇形地上常建有许多村庄。而

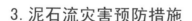

这些山麓扇形地却是历史泥石流活动的见证。从长远分析，这些沟谷绝大多数都有可能再次发生泥石流。因此，在村庄选址和规划建设过程中要非常慎重，房屋既不能占据泄水沟道，也不宜离沟岸过近，已经占据沟道的房屋应迁移到安全地带。为了避免或减轻因泥石流溢出沟槽而对两岸居民造成的伤害，还要在沟道两侧修筑防护堤和营造防护林。

（2）切忌把冲沟当做垃圾排放场。

泥石流的能量相当强大，能将山上巨石席卷而下，在冲沟中的弃土、弃渣、堆放的垃圾，都会成为泥石流的固体物源、促进泥石流的活动。当弃土、弃渣量达到一定的规模的时候，就可能在沟谷中形成堆积坝。一旦堆积坝溃决，泥石流必然发生。因此，在雨季到来之前，为了确保沟道洪泄能力良好，最好能主动清除沟道中的障碍物。

（3）重视保护和改善山区生态环境。

山区的生态环境对泥石流的引发有着直接的影响，树木不但可以保持水土，也是一道天然的屏障。据统计，山区生态环境越好，泥石流发生的频度就越低、影响范围也越小；反之，泥石流发生的频度就高、危害范围也大。所以提高小流域植被覆盖率是非常重要的，例如在村庄附近营造一定规模的防护林，这样不但可以抑制泥石流形成、降低泥石流发生频率，就算发生泥石流灾害，也可以减轻灾害程度。

（4）雨季时期避免在沟谷中停留

山区降雨普遍具有局部性特点，所谓"一山分四季，十里不同天"，沟谷下游是晴天，沟谷上游不一定也是晴天，因此要求我们即使在雨季的晴天，也要提防泥石流灾害。雨季的沟谷是十分危险的，所以不要长时间或是尽量避免在其中停留，如果身处沟谷中时，听到上游传来异常声响，应迅速向两岸高处地方逃离。此外在雨季穿越沟谷时，不要鲁莽，首先要仔细观察，确认安全后再快速通过。

（5）对泥石流监测和预警

根据监测流域的降雨量和降雨过程，或者根据接收天气预报的信息来凭经验判断降雨激发泥石流的可能性；结合沟谷中松散土石堆积和沟岸滑坡活动情况，分析哪些滑坡堵河可引起泥石流的发生。如果发现下游河水突然断流，很可能是上游发生了滑坡，河道被堵，这是溃决型泥石流的前兆；将观测点设置在泥石流形成区，一旦发现上游形成泥石流，可以及时发出预警信号给下游。

经常对相关建筑和设施进行巡查，及时修补出现问题的坝体，尤其在雨季，泥石流多发期要及时采取避灾措施，防止坝体溃决引发泥石流灾害。

4.泥石流和滑坡灾害的预防和减轻

为了预防和减轻泥石流的灾害，人们做出了很多努力，如中国科学院成都山地研究所的科学家们，就通过长期对泥石流的研究和治理，总结出一套完整的治理、预防和减轻滑坡与泥石流灾害的办法。下面我们就来看看这一套完整的预防和治理方法。

首先要遵循几个原则：

泥石流防治与发展当地经济相结合的原则；以防为主、防治结合的原则；因地制宜、因害设防的原则；统筹兼顾、突出重点、分期分批进行防治的原则；生物措施为主、紧密结合其他措施的原则；先治山、再治沟、后治河的原则；土建工程防治中，以拦、排为主，与稳、调、蓄相结合的原则；综合防治原则。这些原则我们上面已经涉及一些了，这里便以这些原则为基础来制定方法。

首先，根据泥石流产生的条件和造成灾害的机理，对可能发生泥石流的地点进行判断，并对可能造成的灾害大小和灾害频度进行估计（调查与危险性评价，圈定隐患区／点）。其次，对那些危险区和危险点，要尽可能的避开，实在避不开的，要采取保护措施，修建保护设施进行治理（避让、治理）。在泥石流可能发生地区附近生活的居民，对泥石流的发展动态要密切监测。通过"专业监测"、"群测群防"、"预报预警"等措施，结合泥石流的发展过程，发现其发生的前兆，及时了解泥石流的动态，以便在造成灾害前，组织撤离、避险，最大限度减少人员伤亡。由于泥石流具有突发性，有些很难预测到，所以，如果未能事先对泥石流作出预测，面对灾害的发生，也要保持镇定，切忌惊慌失措，要听从指挥，按照事先准备好的应急预案，采取应急措施。

预防和减轻泥石流灾害的措施可分为灾害前、灾害时和灾害后三种分类。其中灾害前以预防为主、避让与治理相结合。

从避免灾害及安全的角度，将山区划分为泥石流的危险区和安全区，并选择平缓平地等安全区来建设场地，要尽可能避开江、河、湖（水库）和沟切割的陡坡这些危险地段，在危险地段设立警示牌。若是建设场地实在避不开危险地段，则要设立相关防护工程，且在上游建立泥石流预测点，随时进行监测和预警工作。

工程措施和生物措施是泥石流治理措施中常用的措施，这两者相结合综合使用时则被称之为"综合措施"。前面我们已经对综合措施中的工程措施和生物措施有所介绍。下面来详细说明。

工程措施大概可包括：稳固、拦挡、排导。

稳固：对松散固体物质起到稳固的作用，减少石流夹带固体的来源。

拦挡：在泥石流可能通过的沟谷中修建拦挡坝，减少泥石流的威力，从而减轻泥石流对下游的危害。

排导：这一般是为了保证桥涵和桥梁的安全而建设的防护措施，对通过桥涵和桥梁隐患区的泥石流加以控制、削减。

生物措施主要指山区的自然资源，如树木，茂密的植被，良好的生态环境，需要保护和维持。建立良好的生态环境以此改善地表汇流条件，抑制水土流失，防止和减少泥石流活动。

　　建立泥石流的预警和预报系统。滑坡、崩塌、泥石流灾害都具有突发性强、破坏力大的特点，但是这些灾害发生前都具有明显的前兆。只要掌握了泥石流的基本常识，并对滑坡、崩塌体和建筑经常巡查，发现裂缝还要经常进行简易的测量，若发现泥石流或者危险前兆，应迅速采取措施，最大可能地避免人员伤亡。

三、泥石流的自救与互救

（一）泥石流灾害的自救与互救

1.泥石流来时的逃生方法

泥石流一般是由山区沟谷中暴雨、冰雪融水等导致的。因为水源大量增加，激发了山洪的暴发，洪水在下泻时，卷带了大量的固体物质和泥沙，从而形成泥石流。泥石流的威力大大强于洪水，由上至下，来势凶猛，常常给人类生命财产造成重大的危害。下面介绍几点如何预防泥石流及逃生的方法。

①山谷常成为泥石流下泻的路径，所以若在山谷中遭遇大雨，一定不要在谷底停留过长时间，要迅速转移到安全的高地。

②在山区、半山区旅行时，如听到异常的响声，看到有石头、泥块频频飞落，表示附近可能有泥石流袭来，如果声音已经很大，且越来越大，泥块、石头等明显在附近飞落，

则证明泥石流距离已经很近，这个时候不要贪图财物，需立即丢弃随身重物尽快逃生。

③逃生时要向泥石流卷来的两侧（横向）跑。

④泥石流所占的横向面积一般不会很宽，要注意观察地形，向未发生泥石流的高处逃避。

⑤在山区扎营时，选好位置，不要在谷地和排洪通道处扎营，河道弯曲汇合处也不是安全的地点，一定要选择平整的高地作为营地，避开有滚石和大量堆积物的山坡。

⑥经过泥石流多发地段时，不但要注意观察，还要收听当地的有关预报加以防范。

⑦如发现泥石流时，情况很危急，可向树林密集的地方逃生躲避。这是由于树木是有效的生物屏障，可以减缓泥石流的滚落速度，减少危害。来不及奔跑时要就地抱住树木。

2. 遭遇到泥石流时怎么办

我国的泥石流灾害主要集中发生在7、8月，据不完全统计，这两个月发生的泥石流灾害占全年泥石流灾害的90%以上。我国泥石流危害严重的地区主要有：川西地区、陕南秦岭、滇西北、滇东北山区、大巴山区、辽东南山地、甘南及白龙江流域（以武都地区最为严重）。

人们无论是居住还是从事社会活动等都要尽量避开泥石流多发区，尤其是居住选址要慎重选择建筑位置，坡道或沟壑附近都要尽量避免，穿越泥石流多发区域时，最好选择泥石流最少的季节和时间通过。

在夏季暴雨多发期，也是泥石流的多发期，游客是受泥石流困扰最大的群体，而夏季又是选择去山区游览的最佳时间。因此，如果去山区游览，游客一定要注意天气预报，千万不要在大雨天或将有大雨的情况下进入沟谷。

除了暴雨，初春融雪，地震和大型施工活动也是诱发泥石流的重要因素。

①预测泥石流虽然很不容易，但也不能忽视，因为能发现泥石流的前兆也是极为重要的。

②另外普及泥石流相关知识，掌握逃生手段也是很必要的。众多事实表明，慌乱不利于逃生，遇到泥石流时，要镇静，观察泥石流的走向，确定最佳逃生方向。

③不要顺着泥石流可能倾泻的方向跑，要向泥石流倾泻方向的两侧高处躲避。

④此外还有一点很重要，有谚语说："人为财死，鸟为食亡"，如遇到危险千万不要"爱财不要命"，若在房屋内不要执著于细软，若在户外不要舍不得随身重物，性命比什么都重要，别忘记还有句谚语叫"留得青山在，不怕没柴烧"。一切财富都可以再创造，如果命没有了，再多的财富又有什么用呢？

⑤有可能的话，逃出时可以多带些衣物和食品。因为一旦灾难发生，通讯和交通都有可能处于瘫痪状态，使救援工作陷于困境。泥石流过后的天气往往很阴冷，饥饿和寒冷也

会危及生命安全。

⑥泥石流发生后，并不意味着灾难和危险已过，因为前面我们提到过有些泥石流具有间歇性特点，所以要确认泥石流完全结束后才能返回。经过刚刚发生过泥石流的地区时，也要特别当心，不仅要注意两旁堆积和滚落物，还要注意观察周围动静，最好是绕道找一条安全的路线。

⑦一些依山傍水的村庄，风光固然美丽迷人，但也是存在一定的危险的，因为这些村庄所处的位置很容易受到山洪和泥石流的侵害。这种情况下，就要修建一些防范措施，以保证建筑物及村镇的安全，并有完善的防御措施和避难场所。

洪水

⑧如果旅游者到这些地方旅游时遭遇泥石流，且身处汽车或者火车等交通工具上，应果断放弃交通工具，逃生躲避。虽然一些交通工具会形成一个保护空间，但是当被泥石流掩埋时，很可能把车厢密封起来，致使车内的人窒息而死。

⑨泥石流还可能引发其他灾难，如之前我们提到的次生灾难——洪水。若是不能采取泄洪措施，则要迅速疏散人群，躲避危险地带。

3. 适合躲避泥石流的地方

①所谓水往低处流，故而千万不要顺着水流方向跑，高处才是安全的。

②若是有可能的话，尽量躲避到泥石流发生地较远的地方，因为越远越安全。

③若是来不及跑那么远，应选择河谷两岸的山坡高处，注意不要选择土质松软的地带。

④泥石流的流径一般不会太宽，若是确认河床两岸土质较为牢固，河床两岸的高处地段也不失为一个好的避难地。

4. 灾后食品不足，水源污染了怎么办

①泥石流来临时，携带着大量的固体物质和泥沙，很容易将附近的水源污染，这个时候千万不要饮用被污染的水。最好是用山上的野果来充饥、解渴。

②要注意的是，食物来源不足或者不稳定时，要有计划的适量进食，以维持生命，等待救援。不能坐以待毙，若食物短缺，要坚定信念，可以一边寻找山果等充饥，一边等待政府救援物资。

用山上的野果充饥解渴

③水源污染后，不要饮用，以免对身体造成更大的伤害，或者引发中毒现象，可以收集雨水进行饮用。

5. 泥石流过后的自救与防疫工作

当遭到泥石流袭击，并且出现灾情后，应该在第一时间内组织人员对伤员进行抢救，同时进行水、电、交通线路的抢修，以确保全面救灾工作的顺利展开与进行。河（沟）经泥石流的袭击之后，遭到的破坏是毁灭性的，不仅原河（沟）床会被冲淤得难以辨认，穿越或沿河（沟）谷的道路也会被泥石流体掩埋破坏得面目全非，沿途漂砾、泥沙到处都是，极容易给行人带来伤害，甚至生命危险，因此进行救灾抢险时应注意避免各种意外发生。

泥石流发生时常摧毁并淹没沿途的房屋、牲畜及杂、污物，所以泥石流活动结束之后应对必要的地段进行清理消毒或隔离，避免与防止流行病的发生和传播，做好卫生防疫工作。

6. 泥石流灾害与其他自然灾害的区别

泥石流灾害与其他自然灾害，有三大显著区别：

第一，能量来源不同。火山、地震、海啸等灾害缘于地球内部，气象、空间灾害缘于太阳，泥石流灾害缘于地球的

火山

重力势能。造成泥石流的根本原因是由于地球重力。当某些外界因素发生某些变化、达到滑动和泥石流的发生条件时，长期积累的重力势能会一触即发地释放出来。除了地震，能够触发泥石流的主要原因有两个，一是降水的作用，一是人为的不合理的开挖。由于能量来源不同，治理、减轻泥石流灾害的方法也与其他灾害有所不同。

第二，虽然泥石流发生频度高，涉及范围广，但其一次性规模远远小于地震等其他灾害。而且由于它是发生在地表的地质现象，便于观察，所以通过人们的长期观测，积累了丰富的资料和经验，因此对于泥石流的发生机理和治理方法的认识，也比其他灾害成熟。

第三，泥石流灾害所危害的群体不同。泥石流造成的人员伤亡中，农村人口占到了总数的80%以上。泥石流多发区

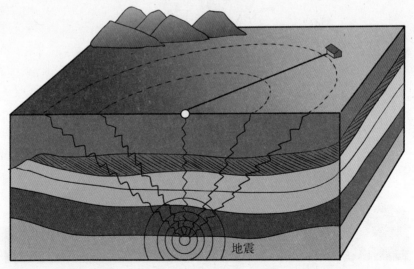

地震

手绘新编自然灾害防范百科

Shou Hui Xin Bian Zi Ran Hai Fang Fan Bai Ke

多分布在农村，由于科学知识不够普及，许多农村发生灾害的原因是因为选址不当，把房屋建在了泥石流沟谷附近，建到了不稳定的滑坡体上，或者在危险的斜坡、沟谷中随意切坡开挖、弃土堵沟、改变河道、修建池塘等，这些人为不合理的工程活动为引发地质灾害留下了巨大的隐患。因此国家

海啸

泥石流防范百科

太阳

有关部门规定，农村被定为泥石流灾害减灾防灾的重点，另一方面规定，要普及农村防灾、减灾的科学知识。

多年经验表明，地质灾害是可以有效防范的，关键是要让社会公众提高防灾、减灾意识，学习地质灾害防治知识。

2004年3月1日起施行的《地质灾害防治条例》是我国第一部关于地质灾害防治的行政法规，它标志着我国地质灾害防治工作走上了规范化、法制化的道路。

虽然我国的地质灾害的防治措施在不断完善，但是我们个人也要掌握应急自救的知识，以减少不必要的损失。泥石流灾害发生后，要做两件事：应急和自救。

滑坡、崩塌发生之后，整个山体系统不可能立即稳定下来，此时仍会间断发生崩石、滑坍，甚至还会继续发生较大规模的滑坡、崩塌。所以，在灾害发生后，千万不可以立即进入灾害区，同时应注意防范继发的泥石流灾害。应立即开展自救、互救，有组织有计划地搜寻附近受伤和被困的人，在仔细检查后，要尽快撤离灾害区。另外，灾害发生后，应立即派人将灾情报告给政府部门，以便获得更多的救灾资源，收集更多的灾害信息。

（二）重大的泥石流灾害

1.危害道路交通

据不完全统计，中国有20条铁路干线经过泥石流的分布区域，每年有近百座县城受到泥石流的直接威胁和危害，特别是1949年以来，先后发生中断铁路运行的泥石流灾害300余起，有33座车站被淤埋。在我国的公路网中，以川陕、川滇、川藏、川甘等线路的泥石流灾害最严重，仅川藏公路沿线就有泥石流沟1000余条，先后发生泥石流灾害400多起，每年因泥石流灾害阻碍车辆行驶时间多达1～6个月。

泥石流还对金沙江中下游、雅砻江中下游和嘉陵江中下游等一些河流航道造成严重危害，泥石流及其堆积物对这些河段通航产生了很大的障碍。

1981年，发生了一起我国铁路史上最大规模的泥石流灾害，就是宝成铁路和陇海铁路宝天段发生泥石流：这场泥石流是由暴雨引起的，淤埋宝成线车站五座，50余处受灾，中

泥石流防范百科

泥石流对河道的危害

断铁路运行长达两个月之久。宝天段的泥石流泛滥，造成几处断道，总淤积量达$1.3×10^4$立方米以上，使宝天段成了陇海线上"肿痛的咽喉"。这次泥石流造成的经济损失无法估计，仅灾害后的复修改造费就达4亿元。

泥石流不仅影响铁路运输，对河流航运也有危害极大。1985年6月12日湖北秭归县新滩大滑坡，千年古镇顷刻坠落于长江之中，长江北岸江家坡至广家岩的$1300×10^4$立方米滑坡体整体高速向下滑移，由于提前撤离，险区内虽然无伤亡，但滑坡在险区处却击翻、击沉机动船13艘、木帆船64艘，由此导致死亡10人，失踪2人，受伤8人，长江航运也因此受到严重影响。

2. 堵江及溃决洪水

泥石流冲入河流河道，会阻碍河水流动。冲入的泥石流足够多时，会完全中断河流，在河流的上游形成堰塞湖。堰塞湖就是由于河川的河道受到阻碍，溪水无法流出，慢慢积水形成的湖泊。西藏的易贡湖就是由于大型滑坡，阻塞了易贡藏布河道而形成的。

叠溪海子是四川茂县境内，滑坡阻塞河道形成堰塞湖的一个著名的例子。水量丰富的岷江流经四川西部阿坝藏族羌族自治州茂县境内的高山峡谷。1933年，四川茂县发生了一起7.5级的大地震，引起大型滑坡，繁华的叠溪镇部分崩倒江中，部分陷落，部分被岩石压覆，仅存下东城门和南线城垣。地震区内的猴儿寨、龙池、沙湾驿堡等羌族山寨也被洪水崩岩吞没。岷江被堵塞成3个大堰，积水达40天后叠溪堰崩溃，形成洪水，洪峰到达都江堰后冲毁沿岸道路、农田和建筑物，造成巨大经济损失和人员伤亡。

人类在影响和改变地质环境，也在影响和改变着水圈——生物圈环境。最为典型的表现就是森林的集中过度采伐，从而导致采充失调、森林生态系统遭到破坏。其后果是加剧水土流失，同时使地质环境失去了良好的庇护，加速了环境的退化，致使泥石流、滑坡等地质灾害频繁发生。

岷江上游理县、松潘、黑水、汶川、茂县五县，元朝时森林覆盖率为50%左右，解放初为30%，到20世纪70年代末已经降至18.8%。由于森林生态系统遭到了极大的破坏，导

泥石流防范百科

致干热河谷景象出现。目前，尽管森林覆盖率有所上升，但生态系统却难以恢复了。1981年，岷江上游五县雨季暴发的129起泥石流，都与流域内森林过度采伐而破坏生态系统有直接关系。

菲律宾每年都要遭遇大约20次的台风袭击，由台风和强降雨引起的洪水和泥石流导致大量人员伤亡。菲律宾的莱特岛是遭受台风袭击的重灾区之一。

1991年11月，莱特岛暴发的洪水和泥石流，因热带风暴而起，共有6000人在灾难中丧生。2006年2月中旬，山体松动，因持续两周的暴雨而起。2月16日，暴发了大规模的泥石流。泥石流顷刻吞没村庄500余座房屋和一所正在上课的

台风

小学。在校的200名学生、6名教师及学校校长均被泥石流冲散，仅有5名学生幸存。

在这场泥石流灾难中，丧生人数约400人，失踪人数2000多人，另有房屋500多间被吞没。令人难过的是，该岛居民一共有2500人，房屋不到600间。

这次泥石流为什么会造成如此严重的伤亡？我们总结了一下，原因大致有三：

一是连续的暴雨；二是由于连降暴雨，当地政府担心发生泥石流和洪水，曾经组织当地村民疏散到安全地区避难。但是后来几天天气有所好转，一些村民放松警惕，陆续返回家园，不料却遭遇了灭顶之灾；三是当地村民在附近的山上乱砍滥伐，造成山体表面水土流失严重。简言之，这次灾害的原因便是：天灾人祸。

泥石流防范百科

Ni Shi Liu Fang Fan Bai Ke

3. 泥石流灾害环境的形成条件

对地理环境来说，泥石流地理环境的生成是天生的；对现代环境过程来说，既有自然因素的作用，也有人类经济活动的影响。

在这里，最重要的是人类对我们自己生存的地理环境采取什么态度。如果我们能重视环境保护和优化，那么即便是在沙漠，仍然会有绿洲的存在；反之，如果我们忽视环境的保护和优化，那么即便是在亚热带的山地，也会出现荒山秃岭、沙石遍布的冷漠景观。这个道理已经在我国西南地区小江流域现代泥石流发育过程所引起的环境变迁中得到证明。

泥石流对山地地表物质产生强烈的侵蚀、搬运、迁移和堆积，导致地理环境恶化，而环境的恶化，又导致泥石流活动的加剧。人类不合理的经济活动，又对上述这一恶性循环起着加速的作用。

具备泥石流形成的基本条件，不一定发生泥石流。但是人类不合理的经济活动会加剧地理环境的恶化，从而加速泥石流的形成和发展。小江流域的形成和发展便是这个问题的事例典型。

小江发源于滇东北高原，自南向北注入金沙江，流域面积为3043平方千米。小江主要沿着具有活动性的小江深大断裂带发育，对小江泥石流的形成、演化起控制作用。

小江深大断裂带是控制本区的主要构造地带，早在震旦纪以前就已形成，自晋宁运动以来，长期处于活动状态。小江深大断裂带内断层交错，褶皱发育，岩层古老而破碎，岩性软弱而易坍塌，这是由于小江深大断裂带既有垂直方向的振荡运动，也有水平方向的扭动。小江深大断裂带两侧，除了有较多的第四纪沉积物之外，还有远古昆阳群黑色、灰色和紫色板岩，千枚岩，震旦系白云岩，二叠系灰岩和砂质页岩等，这些岩石质地软弱，抗蚀力差，易被风化崩解成碎屑物，为本区泥石流的形成提供了丰富的松散固体物质。

本区地质上的显著特点是新构造运动的地震活动强烈。小江深大断裂带新构造运动主要表现为区域性隆起、局部掀斜、老断裂复活及高原面解体等，活跃且有继承性。小江河谷两岸地形陡峻，地面高差悬殊，是一条典型的深切割的构造性河谷，小江右岸最高峰海拔高达4016米，左岸最高峰海拔高达4144米，东川市附近小江河床海拔高大约为1100米，相对高差达3000米。两岸支沟以较大的沟床纵坡与小江交汇，是泥石流活动的有利地形条件。

其次，本区新构造运动活跃还表现为：沿江两岸，从山顶到河谷有阶梯下降的几级山前夷平面或基座阶地，第四纪沉积层厚达600米以上，其上有多级洪积扇叠加。

此外，该区新构造运动十分强烈，地震活动尤为频繁，具有强度大、频度高的特点。6级以上强震，岩石节理扩张，山体产生巨大裂隙，会加剧滑坡、坍塌的山崩等不良地质灾

千枚岩

害，烈度9～10度的地震几乎每百年一次。所以地震间接地为泥石流的形成提供大量固体松散物质，这些松散物质经暴雨的冲蚀而形成泥石流。

小江流域气候上受大气环流形势和地形条件的制约：冬春季节，为干燥而强劲的西风气流所控制；夏秋季节，受潮湿而多雨的西南季风气候的影响。全流域的气候有以下特点。

（1）垂直气候明显。

根据热量及其气象要素综合分析，小江河谷按海拔高程可分为三个不同的气候区：

亚热带半干旱河谷区。海拔900～1300米的河谷区是农业、工业、交通和人类经济活动最集中的地区，是小江沿岸泥石流的堆积区，也是泥石流成灾最严重的地区。

暖温带半湿润山区。海拔1300～2300米的山地区，多为沟谷型泥石流的松散固体物质补给区和流通区，以及坡面泥石流沟头蚕蚀区，农田村寨较密集，属泥石流强烈作用地带。

寒温带湿润山区，海拔2300～3300米间的山地区，多为大型泥石流的形成区和松散固体物质补给区。3300米以上山地，为大型泥石流沟的源头区，多为清水汇流区。

（2）干湿季节分明。

小江流域从11月到第二年4月为干季，这期间的降水量仅占总降水量的12%。整个干季晴天多、气温高、蒸发强、

湿度小、风速大，物理风化作用极其强烈，加快了地表外力剥蚀的过程，从而加速了松散碎屑物的积累，对泥石流的物质补给十分有利。5～10月为雨季，降水量占总降水量的88%，高度集中的降水量，多泥石流暴发提供充分的降水条件。

降水泥石流形成过程中最活跃的一个因素。本区的降水有以下几个特点：

降水集中：降水集中期，也是泥石流暴发的集中期，如蒋家沟历年泥石流约70%在6～8月的降水集中期发生。小江流域全年降水集中在5～10月，而其中又以6～8月三个月的降水更为集中，占全年降水量的50%以上。

多雨区集中：多雨区与泥石流形成区吻合一致。本区降水集中，为泥石流的形成提供了充分的前期洪水条件，加速了泥石流的孕育过程，而最大暴雨带的形成，是小江两岸泥石流频繁暴发的最活跃的水动力激发因素。

多局地性暴雨：这是形成小江流域灾难性泥石流的主要激发因素。在季风气候影响下形成的一种控制面积小、历时短、强度大的局地性暴雨，即点暴雨，表现为雷电交加、狂风冰雹和倾盆大雨一起来的天气，蒋家沟每年暴发泥石流十几次至几十次，其中有60%左右是这种降雨过程的产物。

多夜雨：夜雨较多导致泥石流也常在夜间暴发。在东川小江两岸这样一个物质、地形条件都十分有利于泥石流形成的山区，一旦暴雨发生，不需要很长时间所在沟谷就会随之暴发来势汹涌的泥石流。这种发生在夜雨中的泥石流，往往使人们难以防备更具有破坏性。

本区降水上的特点，恰好有利于对泥石流的激发作用。综上所述，小江具备了发育泥石流的地质、地形及水文气候条件，所以小江地区的地理环境脆弱、敏感，非常容易形成泥石流灾害。

（三）泥石流灾害的现状和发展趋势

1. 人类不合理的活动加剧了泥石流的发生

泥石流灾害环境条件的存在，不等于灾害环境的产生。小江流域虽然有了这些形成环境和条件，但史料可查，在200～300年前，那里却没有一点泥石流灾害环境的迹象。

然而，自人类社会出现以后，由于人们的经济活动扩向山区，过度地滥垦、滥牧、滥伐，不合理地施工、爆破、开挖等，破坏了地表结构，导致山地环境退化恶变，这一切加剧了泥石流的活动。

人类不合理的活动，不仅会导致那些已经衰退或停歇的老泥石流活动重新复活，而且会诱发那些没有泥石流活动历史的清水沟产生泥石流活动。

通过实地考察不难得知，上述两种泥石流小江流域兼而有之。而且，东川地区近几百年来泥石流活动的加剧，灾情加重，除其固有的地貌、地质环境在起作用外，还有一个重要因素是人类经济活动的不断扩大和强化。

近几十年来，更是进一步加剧了泥石流的发展，引水工程漏水、筑路切坡弃土、开矿弃碴、陡坡垦殖、乱伐乱牧等活动比比皆是。如小江上游东支大白河左岸的大白泥沟，就是由于陡坡垦殖破坏山坡地表，滑坡、崩塌丛生而导致泥石流频繁暴发。

综上所述，小江流域生态与环境的恶化，与人们不合理的经济活动有着不可逃脱的因果关系。直到今天，环境恶化现象已经发展到令人触目惊心的地步，已构成对东川市和小江流域今后经济建设和人民生活安全的威胁。

2. 泥石流灾害环境不断恶化的表现

泥石流发育地区，不仅存在直接的泥石流灾害，还存在由它引起的其他环境问题。因为泥石流暴发和发展，必然会导致当地山地环境退化、地表结构恶变和生态平衡的失调。

目前，小江流域的泥石流正处于活跃和发展时期。由泥石流活动所引起的地质环境问题，如不良地质现象，自然环境问题，如山体荒芜、土地沙石化、水土流失严重，以及生态环境问题，如森林植被被破坏等。如此一系列问题持续不断恶化状态，其表现大致为以下几点：

（1）泥石流灾害十分突出。

泥石流灾害缘于本区自然环境、生态环境和地质环境遭受到严重的破坏，它构成该区严重的灾害环境状况，并成为小江流域人民生存和经济发展的最大隐患之一。

众所周知，在通过小江流域86千米小江两岸有123条一级支沟，其中泥石流沟占85%，且在107条泥石流中有27条灾害严重。据不完全统计，2005年前的近30年间泥石流成灾35次，毁坏约2693平方米农田，导致211人死亡，另有90人遭受不同程度的伤害，毁坏铁路、公路阻车1217天，直接经济损失约1.3亿元人民币。小江河道年淤量达4200余万吨，注入金沙江近2000万吨。由于环境破坏严重，山坡和河谷快速"荒漠化"和"沙石化"。

1985年5～6月期间，东川小江两岸发生了有史以来最严重的一次大规模山洪泥石流，其范围包括拖沓沟、里里乐沟、小白泥沟、黑水河、大白泥沟、老干沟、达德沟、甘沟、汪家箐、腊利沟、石羊沟、徐家小河、桃家小河等。东川铁路自1966年通车以来，每年都有不同程度的泥石流危害，影响正常通车，但在此次泥石流中受害最严重。

20世纪80年代以来，泥石流造成铁路中断的时间就越来越长，每年给铁路造成损失也越来越大。这次泥石流致使铁路完全中断，需要改道重建，冲毁公路数处，上百辆汽车受阻，大量泥沙阻塞主河，大片农田受淹。

总之，这次泥石流灾害给东川的地理环境以及东川人民，带来了惨重的损伤。

（2）林地覆盖率低。

东川是我国重要的铜矿产地之一，唐朝开始在这里开矿炼铜，炼铜最盛的清朝乾隆年间，最高产量800多万千克，则每年需要木炭0.8亿千克，因此推断，每年大约砍伐10平方千米林地。

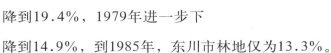

木炭

到了20世纪50年代初期，小江流域林地覆盖率约为30%，1974年统计林地覆盖率降到19.4%，1979年进一步下降到14.9%，到1985年，东川市林地仅为13.3%。

由于该区植被系统遭受严重破坏，因此导致本区生态环境十分恶化，水土流失严重。

铜矿石

（3）水土流失严重东川小江流域的泥石流活动已有200～300年的历史。

分别经历了1733年、1833年和1966年三次大的地震活动，加之伐林炼铜引起的严重的水土流失，特别是沟谷两侧不良地质过程加剧，如崩塌、滑坡、滚石等，导致泥石流的强烈活动，造成本地区极为严重的水土流失。

据不完全统计，从20世纪60年代到80年代，侵蚀状况逐年恶化。如1960年侵蚀面积占总面积52%。据1987年云南省水利厅资料显示，水土流失面积已达1273平方千米，占1858平方千米总土地面积的68.5%，这一时期属极强度和剧烈侵蚀区。

综上所述，东川土壤侵蚀在逐年加剧，也导致了环境的进一步恶化。

（4）不良地质过程（崩塌、滑坡、岩崩）十分发育。

众所周知，本区构造和岩性都十分脆弱，正处小江深大断裂的破碎地带。有史以来经历了四次地震（1733年、1833年、1966年和1983年），其中1983年的地震为6级以上地震，加之近几十年矿产资源的不合理开发，农田、水利、道路等的基本建设的不合理规划，使本区的崩塌、滑坡一触即发，大大加速了该区本来就很脆弱的地质环境进一步恶化。地质环境是自然环境和生态环境的基础，应成为重点保护对象。

从上述分析来看，造成小江流域严重的泥石流灾害环境现状，有自然条件的因素，也有人为因素的影响。

3. 泥石流治理对环境的影响

对东川地区小江河谷泥石流灾害环境治理问题的评价，大家都有自己不同的说法和看法。有些人持肯定态度，往往会列举一大堆数据来表明，如种了多少树、筑了多长的堤、修了多少坝、挖了多长的沟、好像泥石流不要多少年就可治完。有人则认为"泥石流，泥石流，年年钞票往里面投"，对泥石流治理的效果往往赶不上环境恶化的速度，治理等于白花钱，没有实际效果，可以说是众说纷纭。我们从众多的专家对泥石流的评估中得到启示，在他们看来，泥石流是在水土流失极其严重的情况下引起的，标志着环境的退化，山地荒芜和土地砂石化等等。那么反过来我们在评估治理泥石流的效果时，也应该对环境因子是否得到改善、减轻和优化等指标来进行综合评价，才是合理的。

小江泥石流治理以后，对当地环境起到以下作用：

该地区森林覆盖度低，平均值不到20%，1965～1985年期间，森林覆盖率从30%降到13.3%，1985年以后开始上升，到1995上升为20.6%。该地区水土流失十分严重，水土流失率平均值达到50%以上。从本地区变化看，1960年水土流失率为52%，1981年增加到68.5%，1996年降为56.5%，泥石流沟治理率的变化最明显，1986年以前共治理泥石流沟五条，而1986～1995年治理14条，占治理泥石流沟的74%。泥石流沟的治理投资率的变化也很明显，1960～1996年投资水土流失、植树造林、泥石流共计人民币5565万元，1983年以前只占到治理费总额的28%。

1985年是东川泥石流地区灾害环境变化的转折点。在1985年以前，尽管对泥石流进行少量治理，但破坏森林，水土流失加大的趋势一直存在，环境还在不断恶化。1985年以后，在加大了泥石流治理力度的同时，也开展了大面积的植树造林，抑制水土流失的措施，各种环境要素指标开始回升，恶化现象得到了一定的缓解。这些说明，1985年以后泥石流治理措施是有效的，泥石流治理是成功的。

4. 泥石流灾害环境发展趋势

几十年来，我国泥石流防治经历了一个由小到大，由单一的工程措施到综合治理，一个比较完整的符合我国国情的控制和减轻泥石流灾害、恢复和优化环境的防治模式也开始形成，在许多地区已经取得了初步成效。据初步估计，我国已治理了近100条沟，进行综合治理的有近20条沟，为全国树立了典范。

东川小江流域是我国泥石流重点整治区，虽然在1985年以前对其进行过局部治理，但是灾害环境恶化的发展已经超过了治理的步伐。到1985年以后，由于三大环境问题都十分突出，致使东川市灾害环境走到非治不可的地步，要使东川市人民安居乐业，发展经济，在全面治理泥石沟的同时，还要进行植树造林、保持水土、加强环境的保护和管理工作。经过多年的努力，现在已经初见成效，表现在：

（1）控制水土流失，改善自然环境。

1960～1990年已治理水土流失面积145平方千米，年平均治理4.83平方千米。1988年以后随着治理速度的加快，年平均整理10平方千米，共计74.5平方千米。主要是治理一些危害较为严重的泥石流沟，加强防护林建设，将各类侵蚀面积减少，降低侵蚀程度。

（2）植树造林，优化生态环境。

为了扭转当地森林植被年年减少的局面，提高林地覆盖率，东川市从20世纪80年代中期开始采取保持水土，大力加强植树造林等措施，优化生态环境。经过努力，东川林地面积不断扩大，大大改善了当地灾害环境。特别是经过多年的

箭麻

引种试验，找到了新银合欢、羊毛草和箭麻等适合本地区的优势植物。

（3）综合治理泥石流沟，控制和减轻灾害环境的发展。

对东川107条泥石流沟中的25条进行重点规划，综合治理。现已完成的有石羊河、大桥河、尼拉姑、黑水沟、小水沟、老干沟、达德沟、黑沙沟、小石洞沟、拖沓沟等18条沟，其余也正按规划投入5565万元的资金进行治理，建成154座拦沙坝，890座谷坊，建成了通往东川市的5座公路桥，遇雨阻车，大雨断道的现象不会再出现。

（4）全面规划，逐步治理，加强管理。

东川市在1984年以前，为保护铁路、矿山免遭泥石流危害而开展了局部治理，并以大桥河泥石流为综合治理试点，对全流域进行全面规划。在以后的时间里，更是通过开展各种管理措施，不断加强对环境的治理。1984年，东川市成立了泥石流防治研究所，并与中国科学院山地研究所合作，完成了"云南小江泥石流域综合考察与防治规划研究"工作。同一年，还编制了"云南东川市后山泥石流综合治理规划"。为了加强上述规划的实施和管理，1987年成立了"东川市泥石流防治领导小组"，1989年长江上游防护林工程在东川市启动，1992年，又在东川开始了全国治沙工程。为了加强统一领导，又成立了东川市泥石流"长防"林建设治沙工程领导小组。

从以上四方面的对比可以看出，东川市灾害环境经过治理，有了明显的治疗效果，当地的环境也得到了很好的改善。

（四）自然灾害的特征及分类

哈雷彗星"远在天边"，回归地球一次需要76年，它出现的时间和位置，就连一个中学生都有把握将其精确地预测出来，这是人类科学和文明进步的成果。但是，诸如滑坡、崩塌和泥石流这类"近在眼前"的灾害，预测它们究竟会在何时何地发生，任何一位伟大的科学家都不可能给你一个准确的答复。

俗话说"天有不测风云，人有旦夕祸福"，让人承受这

哈雷彗星

祸端的一个主要媒介就是来自大地的各种自然灾害。上面我们详细介绍的关于泥石流的一些知识，包括泥石流的特征、泥石流的分类、泥石流的危害、泥石流的预防、泥石流的预报、以及泥石流发生时如何进行自救和互救等。其实自然灾害的发生有很多相似的特征，下面我们就来看一下自然灾害的特征和分类。

1. 自然灾害概述

自然灾害指的是于地球表层系统中发生，造成财产损失和危及人们生命安全的自然事件。灾害的孕育和发生是一种复杂的系统行为，它常常受到多种因素的影响。在一定程度上，人类活动能够把这些事件发生的频率、影响范围和危害性进行改变，从而使抗灾性能和生命财产的受损程度也随之被改变。减灾是一种系统工程，它一般是指能提高抗灾能力，如缩小灾害的影响范围、降低其发生频率和致灾强度，以减轻受灾后果的各种努力的人类活动。

自然灾害是阻碍人类社会发展最重要的自然因素之一，但是它们大多数却是地球系统演化过程中的正常事件。重大的灾害不仅会造成直接经济损失和人员伤亡，还会进一步对社会结构和生产网络造成破坏，使民众产生心理阴影，各类间接损失也会随之而衍生出来。

人们在现代社会中对于老虎已不如以往那样存着巨大的恐惧心理，但是，却往往谈"灾"色变。仅亚洲太平洋地

龙卷风

区，最近800年以来，据不完全统计，发生了约30次的大地震，造成了超过1500亿美元的直接经济损失，近300万人死亡。而自20世纪下半叶以来，发生的一些重大的自然灾害，如台风、洪水、地震、海啸、滑坡、龙卷风、泥石流、火山喷发和森林大火等，在世界范围内，造成了近1000亿美元的直接损失，300余万人死亡，那些由此引发的间接危害造成的伤亡损失还未包含其内。这些灾害引起了各国民众的恐慌和国际社会的不安，有达10多亿的人口受其影响。真可谓是重灾猛于虎，人们谈虎不变色，谈"灾"则色变，且心有余悸。正是因为这些原因，20世纪最后10年被联合国定为国际减灾10年，对于不同灾害，除了有针对性地对其进行全球范围的技术和科学研究外，各成员国还将倾政府之力，对灾害的预防和治理工程作出积极的组织和领导，这些是国际社会对自然灾害深切关注的表现。

森林大火

2. 自然灾害的特征

自然灾害有各种各样的特征，如潜在性和突发性，周期性和群发性，复杂性和多因性等。

（1）自然灾害的潜在性和突然性。

灾害是地球系统的一种自发演化过程，为了积累或转换能量，打破系统原有的平衡和稳定性，它在发生之前都有不同时间长短的孕育期。这一阶段少则几天，多则几年到几百年，甚至更长时间，它受灾害的成因机制，如台风、暴雨和涉及的影响因素，如地震、火山喷发等的限制。但是，不管是哪种情况，在灾害出现之前，人们通常没有严格的物理规律或可直觉感受的前兆来判定它是否有发生的可能，所以，它往往是难以被察觉和分辨的。原有的平衡一旦被打破，灾害通常就在顷刻间暴发出来，继而转瞬即逝，在人们能够对其进行感知的时候，就消失无踪了，就好像从来没有发生过一样。灾害的这种特征，几乎来无影、去无踪，加重了民众对灾害的恐惧心理和灾害的危险性，对于灾害的研究，其难度也有一定程度的增加。

（2）自然灾害的周期性和群发性。

灾害的又一重要特征是相同事件在间隔一定的周期后会反复发生。各种灾害有着不同的成因，其周期也有着自身的特点。间冰期和冰期的波动与更替，有着几千年至几万年的时间特征。而地震、特大干旱和火山暴发的发生通常是以百年为一个周期。比如，在我国历史上，从明朝末年到晚清时期的500年间发生的三次大旱，其出现的时间就分别为公

特大干旱

元1636～1642年、1720～1723年和1875～1878年。那些时段，因为干旱而产生的饥荒状况十分严重，甚至有几十个县发生"人相食"的现象。特大洪涝灾害的发生则以几十年为一个周期，20世纪以来，长江流域发生了三次全流域性特大洪水，就是这类事件的典型状况，其发生的时间分别为1936年、1954年和1998年。各种灾害性气象过程的发生周期更短：如厄尔尼诺现象，它的发生是以几年为期的，直到20世纪下半叶，它才为人所熟知，而台风和风暴潮，其发生较为频繁，一年内会发生几次至十几次不等，它常常肆虐近海广大地区。此外，还有灾害的群发性现象发生，如一些不同或相同类型的灾害经常相伴发生或是接踵而至，真是"祸不单行"。比如，在17世纪，我国海河流域在这短短百年时间内

尘暴

竟先后有34年出现瘟疫，1670年暴发蝗灾，1683年发生饥荒。与此同时，尘暴、地震、低温灾害与火山暴发等一系列重大灾害事件还出现在了我国其他地区，这一时期，成为历史上具有显著特征的灾害群发期。

（3）自然灾害的复杂性和多因性。

自然灾害具有复杂性，这在很多方面都可以表现出来：一，灾害的周期性可以表现出层层嵌套的特异行为，而不仅仅是局限在一种时间尺度上。比如，最近500年以来，从我国发生的地震情况可以看出，它的活跃期有两个，即1480～1730年，1880年至今，它们都是百年级别的。从建国以来至现在，已经经历和正在经历的地震活动高潮有5次，在20世纪80年代中期以前，已经经历了4次地震活动的高潮，而在80年代后期，则是正在经历的第5次高潮。每一高潮阶段的周期平均为10年左右。就像前面所说的，这种多重尺度的周期现象在气象灾害中更是明显。二，某种灾害的发生经常伴随着其他灾害的发生，由此而形成牵一发而动全身的灾害链，因为带动作用，导致了一系列的相关灾害同时或是相继出现。比如，四川茂县1933年发生的一次7.5级地震就引发了山崩，其波及范围达数百处。岷江的多处干流和支流就被那些崩落冲进来的岩块阻断，促使了10多处堰塞湖的形成，而由堆石形成的拦江大坝，其高度近百米的就有4处。随后，堰塞湖水势因为一场连绵阴雨而急剧上涨，其积水最终将石坝冲溃，形成高达60余米的破坝而下的水头，一泻千里的洪

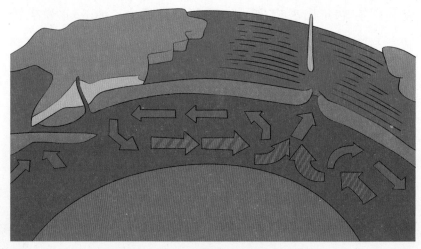

板块运动

涛涤荡了所经过的下游几乎全部村镇和10个县城，瞬间就将10.3×10^4平方千米农田冲毁，将20000多人卷走，这次灾害可以说是世所罕见的，它是由地震—山崩—滑坡—溃决性洪水连环组成。此外，许多灾害不仅可以由一种自然因素引发，就算是同一灾害事件，也可以由多种不同的因素引起。因此，对人们来说，辨别和防范灾害可谓是困难重重。比如，引发地震的原因可以是其他灾害在发生过程中所激发，如火山喷发、水库蓄水、板块运动等，也可能与其他自然想象有密切联系，如行星运转、太阳活动和月球的引潮作用。

复杂性科学认为，许多复合系统朝着一种临界状态进化，是一种自发行为，在这种临界状态下，小事件引起的连锁反应可以引发多米诺效应，即它会对系统中任何数目和所有层次的组元产生影响。尽管复合系统发生的小事件多，而大灾难少，但是，动态特性的一个必不可少的部分就是遍及所有规模的连锁反应。按照这一理论，同一种机制可以引发同类型小事件与大事件的发生。此外，复合系统是从一个亚稳态向下一个亚稳态进化，它永远都达不到平衡态。这使得灾害事件的发生具有了不同时间尺度间的自相似性，即所谓的分形标度特征，而不仅仅具有同一时间尺度上的周期性。而且，灾害事件的群发现象和周期性重现也与系统的这两种特征有着密切的关系。灾害的复杂性和多因性就是来源于这些特征的同时体现或相互交错。

3. 对自然灾害进行分类

如果要对自然灾害进行分类，那么，可以有许多种方案可以运用。这些方案不仅包含了对灾害不同的分类原则、要求和标准，同时，对其本质在认识上的差异也被纳入、兼容进去。但是，迄今为止，并没有一个统一的方案形成，因为对于灾害的确认和分类还与其他因素有关，如某种灾害在一个国家内的发生频度，该国的经济和科学技术水平，以及由此所决定的抗灾能力。一般，按灾害的成因机制、持续时间和现象特征来进行的分类是较为常见的。

（1） 按成因进行分类。

按照灾害事件的成因机制可以分为以下三种类型：即地球灾害系列：它包括水圈灾害系列、岩石圈灾害系列、大气圈灾害系列和混合灾害系列等；天文灾害系列，其成因是由于宇航、陨石和太阳活动；生物灾害系列，如白蚁、飞蝗等

陨石

飞蝗

虫灾。

（2）按时间进行分类。

按照灾害事件的延续时间可以分为以下三种类型：暴发型，如地震、暴雨、滑坡和飓风等，其特征是具有突发性、

飓风

寿命短；迁延型，如干旱，其特征是初期征兆并不明显，一旦发生，就会持续很长时间，使大面积区域受到影响；过渡型，如水灾，其特征没有明确的界限，是介于暴发型与迁延型之间的。

（3）按现象进行分类。

迄今为止，有些灾害事件，如厄尔尼诺事件，它们的成因还没有取得共识，有些灾害尽管有着相近的时间延续尺度，但却有着迥然不同的成因，而有些灾害事件，既被其他灾害所影响，又进一步影响着另外的灾害过程，因其本身就是一套连锁链条中的一个环节，所以，不能简单地将其归咎于某个单一成因。因此，按照灾害在发生过程中显示出来的现象特征为依据，将其分类，如干旱、台风、地震、洪涝等，不仅轻松地解决了这一问题，还增加了一种对自然灾害事件的分类方案。

我国综合考虑了灾害的成因和其所危害对象等因素，对自然灾害进行了分类。通常情况下，将自然灾害划分为干旱、地震、洪涝、地质灾害、农业灾害、林业灾害和气象灾害七种类型。其中，在我国最为常见且危害范围甚广的是干旱和洪涝，政府对这类灾害特别重视，为了尽可能防御并减少此类灾害造成的损失，专门成立了国家抗旱防洪总指挥部。在我国，与旱涝灾害相比，地震灾害的危害程度和由之引起的社会不安也相当严重，尽管其发生频率较低，仍设立了专司地震的预报、减灾和研究工作的国家地震总局。